Christian Bender

Messung und Berechnung des Resonanzverhaltens gekoppelter Helmholtz-Resonatoren in technischen Verbrennungssystemen

Messung und Berechnung des Resonanzverhaltens gekoppelter Helmholtz-Resonatoren in technischen Verbrennungssystemen

von
Christian Bender

Dissertation, Karlsruher Institut für Technologie
Fakultät für Chemieingenieurwesen und Verfahrenstechnik,
Tag der mündlichen Prüfung: 11.02.2011

Impressum

Karlsruher Institut für Technologie (KIT)
KIT Scientific Publishing
Straße am Forum 2
D-76131 Karlsruhe
www.ksp.kit.edu

KIT – Universität des Landes Baden-Württemberg und nationales
Forschungszentrum in der Helmholtz-Gemeinschaft

KIT Scientific Publishing 2011
Print on Demand

ISBN 978-3-86644-658-8

Messung und Berechnung des Resonanzverhaltens gekoppelter Helmholtz-Resonatoren in technischen Verbrennungssystemen

zur Erlangung

des akademischen Grades eines

DOKTORS DER INGENIEURWISSENSCHAFTEN (Dr.-Ing.)

von der Fakultät für

Chemieingenieurwesen und Verfahrenstechnik

des Karlsruher Institut für Technologie (KIT)

genehmigte

DISSERTATION

von

Dipl.-Ing. Christian Bender

aus Karlsruhe

Tag des Kolloquiums: 11.02.2011
Hauptreferent: Prof. Dr.-Ing. habil. H. Büchner
Korreferent: Prof. Dr.-Ing. M. Kind

Vorwort

Die vorliegende Arbeit entstand während meiner Tätigkeit am Lehrstuhl für Verbrennungstechnik des Engler-Bunte-Instituts des Karlsruher Instituts für Technologie (KIT) und wurde von der Deutschen Forschungsgemeinschaft (DFG) im Rahmen des Sonderforschungsbereichs 606: „Instationäre Verbrennung: Transportphänomene, Chemische Reaktion, Technische Systeme" finanziell gefördert.

Dem Hauptreferenten Herrn Prof. Dr.-Ing. habil. Horst Büchner danke ich für die Gelegenheit zur Durchführung dieser Arbeit, dem mir entgegengebrachten Vertrauen sowie seiner steten Bereitschaft, mich mit seinem enormen Fachwissen insbesondere auf dem Fachgebiet der Verbrennungsinstabilitäten zu unterstützen.

Herrn Prof. Dr.-Ing. Matthias Kind danke ich für die Übernahme sowie die zügige Bearbeitung des Korreferats und sein Interesse an der Arbeit.

Dem Lehrstuhlinhaber Herrn Prof. Dr.-Ing. Henning Bockhorn danke ich für die Möglichkeit zur Promotion an seinem Lehrstuhl.

Bei allen Mitarbeitern des Instituts möchte ich mich für die kollegiale und freundschaftliche Zusammenarbeit bedanken, besonders erwähnen möchte ich Axel Meyer und Michael Russ. Die Herren Berg, Donnerhacke, Haug, Herbel, Herbst, Klette, Pabel, Steitel und Wachter haben den praktischen Teil der Arbeit und W. Pfeffinger bei EDV-Problemen durch ihren Einsatz maßgeblich zum Erfolg geführt. Frau Reinhardt und Frau Zbornik haben mich bei verwaltungstechnischen Fragen stets unterstützt. Den Herren Knab und Waglöhner danke ich für das in Diplom- bzw. Studienarbeit gezeigte Interesse und zahlreichen Hiwis für ihr Engagement und ihre Mitwirkung an dieser Arbeit.

Meinen Eltern möchte ich für den Rückhalt und die Unterstützung während meiner gesamten Ausbildung danken. Ganz besonders bedanken möchte ich mich bei meiner Frau Stefanie für ihre Geduld und Unterstützung insbesondere beim Korrekturlesen und der Fertigstellung der Arbeit.

Edenkoben, Februar 2011   Christian Bender

Inhaltsverzeichnis

1 Einleitung

Zur sicheren und preiswerten Versorgung von Industrie und Privathaushalten mit Strom, Wärme- und Heizenergie ist es auch in absehbarer Zukunft notwendig, fossile Energieträger in großem Maßstab sowohl in Großanlagen (Kraftwerke, Industriefeuerungen, Gasturbinen), als auch kleineren, dezentralen Einheiten (Haushaltsfeuerungen, Gasthermen) zu nutzen. Entwicklungsziele bei allen oben genannten Anlagen sind zum einen die Einhaltung gesetzlich vorgegebener Grenzwerte von Schadstoffen wie NO_x, CO_2, Restkohlenwasserstoffe [41], [101], aber auch Emissionen von Lärm [41] und zum anderen ökonomische Zielsetzungen wie Wirkungsgradsteigerungen, um Einsparungen auf finanzieller wie auch Verbesserungen auf ökologischer Seite zu realisieren (vgl. CO_2-Problematik oder steigende Primärenergiepreise aufgrund beschränkter Ressourcen bei weltweit steigender Nachfrage). Da die genannten Ziele nicht alleine durch Verbesserungen und Weiterentwicklungen bestehender Systeme zu erreichen sind, ist es Gegenstand zahlreicher Forschungsvorhaben, innovative Energieumwandlungssysteme zu entwickeln, wobei hier der Einsatz nachwachsender Rohstoffe (Biomasse) oder niederkalorischer Schwachgase beispielhaft zu nennen ist. Weiterhin muss auch die Verbesserung und Modernisierung bestehender Anlagen sowie die Weiterentwicklung bestehender Verbrennungskonzepte wie des Lean-Premixed (LP)-Konzeptes im Bereich stationärer Gasturbinen oder des Lean-Prevaporised-Premixed (LPP)-Konzeptes im Fluggasturbinenbereich im Fokus der Anstrengungen verbleiben, da diese Konzepte in der heutigen Aufteilung der Energieerzeugung und bei der Mobilität eine wichtige Rolle spielen [21].

Bei der Umsetzung der oben genannten Verbrennungskonzepte treten häufig unerwünschte Druck-/Flammenschwingungen auf, die durch eine zeitabhängige, periodische Schwankung der Massenströme am Ein- und Austritt der Brennkammer (vgl. Kap. 4), eine Schwankung des Brennkammerdruckes bei einer Vorzugsfrequenz und eine periodische Schwankung der Wärmefreisetzungsrate der Flamme gekennzeichnet sind.

Bei der häufig gewählten vorgemischten Verbrennungsführung kommt es trotz des heutigen Wissensstandes und umfangreicher Arbeiten sowohl auf theoretischer als auch auf experimenteller Seite [19], [20], [49], [55], [60] immer wieder zu Entwicklungen, die bei der Inbetriebnahme - trotz gründlicher, theoretischer Vorüberlegung hinsichtlich der Schwingungsneigung - zu instationären Betriebszuständen führen. Dieses Anlagenverhalten führt für den Kunden (Anlagenbetreiber, Energieversorger) zu inakzeptablen Einschränkungen im Betriebsbereich oder nicht tolerierbaren Lärmemissionen (Betriebsmannschaft, Anwohner), weshalb es nötig ist, ein weitergehendes Verständnis für die Wirkmechanismen, die zur Entstehung und Aufrechterhaltung selbsterregter Verbrennungsschwingungen führen, zu erlangen.

In diesem Zusammenhang wird in dieser Arbeit folgender Aspekt genauer untersucht: Das Verbrennungssystem wird anlagenseitig betrachtet, d.h. die Kombination von Brenner inklusive eventuell vorgeschalteter Mischeinrichtung, der Brennkammer sowie der nachgeschalteten Abgasanlage, die ihrerseits wiederum aus etlichen Einzelbauteilen wie Rauchgaszüge, Komponenten zur Rauchgasreinigung und Kamin besteht, wird hinsichtlich gegenseitiger Beeinflussung bei der Problematik der Verbrennungsinstabilitäten - also sowohl verstärkend als auch dämpfend - untersucht. Mit den Ergebnissen aus der Literatur sind ausschließlich die Einzelkomponenten mit einem physikalischen Modell beschreibbar und ihr frequenzabhängiges Übertragungsverhalten vorhersagbar. Eine Anwendung der Erkenntnisse von Untersuchungen der Einzelkomponenten bei der Übertragung auf reale, technische Systeme, die aus einer Kombination von zwei oder mehr Einzelkomponenten bestehen, führt häufig zu Problemen, da die gegenseitige Beeinflussung bei einer Kopplung zu einem komplexen System von den Modellen der Einfach-Resonatoren bislang nicht berücksichtigt wird. Deshalb ist die vorgestellte Arbeit als eine Weiterentwicklung bereits bekannter Modelle, die jedoch in ihrer Anwendbarkeit auf Einzelsysteme beschränkt sind, zu sehen, da es sich bei den hier vorgestellten Modellen um die konsequente Erweiterung von Einfachsystemen auf gekoppelte Anlagen/Systeme unter Berücksichtigung der gegenseitigen Beeinflussung handelt.

Durch Experimente wird an unterschiedlichen, verbrennungtechnischen Anlagen im Technikumsmaßstab die Gültigkeit der Modelle nachgewiesen. Ein weiteres wichtiges Ziel ist die Identifizierung von Randbedingungen, die das Modell in seiner Gültigkeit begrenzen. Diese müssen bei Anwendung auf Gesamtsysteme mit veränderten Randbedingungen miteinbezogen werden und es können Grenzen der Modelle bei zu starker Abweichung von den Modellbedingungen bestimmt werden. So ist es möglich, die Gültigkeitsgrenzen der Vorhersage und Abweichungen zum technischen System, die durch die Modellannahmen verursacht werden, verlässlich abzuschätzen.

Des weiteren sollen voll-vorgemischte LP-Drallflammmen hinsichtlich ihrer Neigung zur Ausbildung von selbsterregten Druck-/Flammenschwingungen (Kap. 4) in technischen Verbrennungssystemen untersucht werden, um nachzuweisen, dass die Berücksichtigung der Kopplung bei Fragestellungen zu Verbrennungsinstabilitäten massiven Einfluss haben und miteinbezogen werden müssen. In vorangehenden Arbeiten wurden bereits Flammen intensiv hinsichtlich ihres Übertragungsverhaltens charakterisiert [19], [49], [60].

In der vorgestellten Arbeit soll das Hauptaugenmerk auf der Anlagenseite liegen, da es notwendig ist, bereits in der Planungs- und Auslegungsphase von feuerungstechnischen Anlagen eine mögliche Schwingungsneigung zu berücksichtigen und mittels geeigneter Konstruktionsmerkmale möglichst zu verhindern bzw. in Bereiche außerhalb des geplanten Betriebsbereiches der Anlage zu verschieben.

2 Grundlagen turbulenter Strömungen und Flammen

In diesem Kapitel werden grundlegende Gleichungen dargestellt, die zum Verständnis der Vorgänge in Strömungen von Fluiden - in der vorliegenden Arbeit in Strömungen von gasförmigen Fluiden - notwendig sind. Zunächst werden anhand von Erhaltungs- und Zustandsgleichungen die grundlegenden Größen und dimensionslosen Kennzahlen von Strömungen in einem kurzen Überblick vorgestellt sowie ihr Zusammenwirken und gegenseitiges Beeinflussen soweit beschrieben, dass die zur Charakterisierung und Beschreibung turbulenter Strömungen und Flammen notwendigen Grundgleichungen hergeleitet werden.

2.1 Grundgleichungen und thermodynamische Betrachtungen

Zur Ableitung strömungsmechanischer Grundgleichungen werden folgende physikalischen Grundgesetze verwendet: Die Massen-, Impuls- und Energieerhaltungsgesetze, die Erhaltungsgesetze für chemische Spezies sowie die Zustandsgleichungen [26]. Die ersten drei genannten Gleichungen werden in [9], [79] ausführlich hergeleitet. Die Masse- und Impulsgleichungen ermöglichen die Beschreibung des Strömungszustands eines Fluids, wobei die Impulsbilanz Navier-Stokes-Gleichung genannt wird, die sich für reibungsbehaftete, inkompressible Strömungen in Zylinderkoordinaten entlang eines Stromfadens folgendermaßen darstellen lässt [66]:

$$\frac{\partial u}{\partial t} + u \cdot \frac{\partial u}{\partial x} = -\frac{1}{\rho} \cdot \frac{\partial p}{\partial x} + \nu \cdot \left(\frac{1}{r} \cdot \frac{\partial u}{\partial r} + \frac{\partial^2 u}{\partial r^2} \right) - g \cdot \frac{dz}{dx} \qquad (2.1)$$

Hierbei beinhalten die Terme der linken Seite die massebezogenen Trägheitskräfte und auf der rechten Seite werden Druckkraft, Reibungskraft und Schwerkraft, die ebenfalls massebezogen sind, berücksichtigt.

In einem weiterführenden Schritt werden auch kompressible Fluide betrachtet. Dazu ist es zum besseren Verständnis zunächst notwendig auf thermodynamische

Grundlagen einzugehen. Bei den nachfolgenden Betrachtungen nimmt man zur einfacheren Darstellung zunächst Flüssigkeiten und Gase an, deren thermodynamischer Zustand sich mit den Größen Druck p, Temperatur T und Dichte ρ eindeutig beschreiben lässt. Im weiteren wird häufig von idealen Gasen ausgegangen, die durch folgende Zustandsgleichung beschrieben werden:

$$\frac{p}{\rho} = \Re \cdot T \qquad (2.2)$$

2.2 Turbulente Strömungen

In technischen Anwendungen liegen fast ausschließlich turbulente Strömungen vor. Von turbulenten Strömungen spricht man im Bereich hoher Reynoldszahlen ($Re_{Rohr} > 2300$ [99], turbulenter Freistrahl: $Re_{krit} \approx 5000 - 8000$ [30]), die sich mit der charakteristischen Geschwindigkeit u_{char}, einer charakteristischen Länge L_{char} und der kinematischen Viskosität des Fluids ν_{Fl} folgendermaßen berechnet:

$$Re = \frac{\bar{u}_{char} \cdot L_{char}}{\nu_{Fl}} \qquad (2.3)$$

Turbulente Strömungen sind gekennzeichnet durch deutliche, stochastische Schwankungen von Geschwindigkeit, Druck, Dichte und Temperatur in der Strömung und durch sehr gute Mischungseigenschaften, wodurch die häufige Anwendung in technischen Anwendungen resultiert (Wärme- und Stoffaustauschvorgänge). Aufgrund der Erkenntnisse umfangreicher Untersuchungen hat sich die Vorstellung durchgesetzt, dass sich die Turbulenzbewegung aus einer Vielzahl unterschiedlich großer Wirbel zusammensetzt. Jeder dieser Wirbel lässt sich mittels einer charakteristischen Geschwindigkeit u(l) bzw. eines Zeitmaßes τ und eines charakteristischen Längenmaßes l beschreiben.

Die obere Grenze des Spektrums turbulenter Längenmaße wird von großskaligen Wirbelstrukturen geprägt, die einen Großteil der Energie in sich tragen und maß-

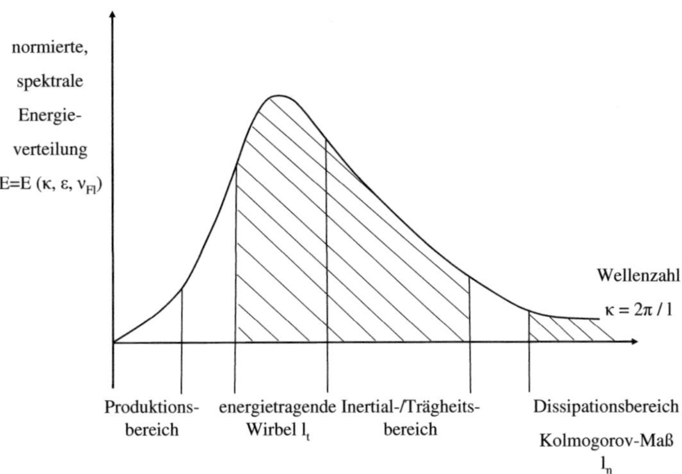

Abb. 2.1: Normierte, spektrale Energieverteilung als Funktion der Wellenzahl κ nach [97]

geblich für den Austausch von Impuls sowie skalaren Größen verantwortlich sind (Abb. 2.1, [37; 76]). Die sogenannten Makromaße dieser großskaligen Wirbelstrukturen, die Länge l_t und Geschwindigkeit $u_t(l_t)$ besitzen die Größenordnung der entsprechenden charakteristischen Werte der zeitlich mittleren Strömung. Die aus ihnen gebildete turbulente Reynoldszahl bzw. Turbulenz-Reynoldszahl

$$Re_t = Re(l_t) = \frac{u_t' \cdot l_t}{v_{Fl}} \tag{2.4}$$

hat üblicherweise in ausgebildeten turbulenten Strömungen große Werte, wodurch verdeutlicht wird, dass die großen turbulenten Längenmaße vor allem durch Trägheitskräfte und nicht durch viskose Kräfte (kinematische Viskosität v_{Fl}) bestimmt werden.

Die Energie der großskaligen Wirbelelemente wird in einem Kaskadenprozess (turbulente Energiekaskade, Abb. 2.1) zu Wirbelelementen kleinerer Längenmaße übertragen. Dieser Skalenbereich wird als Inertial- oder Trägheitsbereich bezeichnet und ist dadurch gekennzeichnet, dass Produktion und Dissipation von Turbulenz lediglich in vernachlässigbar geringem Maße auftreten. Die Funktionsweise der Energiekaskade kann mit dem Prinzip der Wirbelfadenstreckung nach [13] erklärt werden, wobei man davon ausgeht, dass Wirbelfäden sowohl durch Scherung der mittleren Strömung als auch durch benachbarte Wirbel ähnlicher oder größerer Abmessung deformiert und somit gestreckt werden. Somit nehmen die charakteristischen Längenmaße ab, wodurch aufgrund der Drehimpulserhaltung im reibungsfreien System die Winkelgeschwindigkeit des Wirbels ansteigt und somit Bewegungsenergie von einer Kaskadenstufe zur nächsten übertragen wird.

Für große Reynoldszahlen ist der Energiefluss nach KOLMOGOROV [47; 48] nur durch die turbulente Dissipationsrate ε der kinetischen Energie k bestimmt und unabhängig von der kinematischen Viskosität v_{Fl}. Die turbulente Dissipationsrate ε selbst ist proportional zum Quotienten aus kinetischer Energie $u(l)^2$ und turbulentem Zeitmaß l/u(l) [89]:

$$\varepsilon \propto \frac{u(l)^2}{l/u(l)} = \frac{u(l)^3}{l} \tag{2.5}$$

Durch die steigende Winkelgeschwindigkeit der mit dem Verlauf der Energiekaskade immer kleiner werdenden Wirbel wachsen die Geschwindigkeitsgradienten immer mehr an, wodurch die molekularen Reibungskräfte immer mehr an Einfluss gewinnen, wodurch die Dissipation der Bewegungsenergie in innere thermische Energie des Fluides erhöht wird. Die Dissipation besitzt ihr Maximum am unteren Ende der Turbulenzkaskade bei den sog. Kolmogorov Mikromaßen l_η, $u_\eta(l_\eta)$ und τ_η. Unter Annahme lokaler Isotropie sind die Kolmogorov'schen Mikromaße folgendermaßen definiert:

$$l_\eta = \left(\frac{v_{Fl}^3}{\varepsilon}\right)^{1/4}, \; u_\eta = \left(\frac{v_{Fl}}{\varepsilon}\right)^{1/2}, \; \tau_\eta = (v_{Fl}\cdot\varepsilon)^{1/4}. \tag{2.6}$$

Unter der Annahme, dass sich die Makrolängenmaße mit $\varepsilon \propto u_t^3/l_t$ analog zu Gl. 2.5 verhalten, ergeben sich die Verhältnisse der Kolmogorov-Mikromaße l_η zu den Makromaßen l_t zu:

$$l_\eta/l_t \propto Re_t^{-3/4} \tag{2.7}$$

$$u_\eta/u_t \propto Re_t^{-1/4} \tag{2.8}$$

$$\tau_\eta/\tau_t \propto Re_t^{-1/2} \tag{2.9}$$

Aus den Beziehungen 2.7 - 2.9 wird deutlich, dass Längen, Geschwindigkeits- und Zeitskalen der kleinsten Wirbel sehr viel kleiner als diejenigen der großen Wirbel sind. Die turbulente kinetische Energie wird bei großen Längenskalen (Wirbelabmessungen) in die turbulente Energiekaskade eingespeist und bei kleinen Längenskalen dissipiert. Es wird deutlich, wie die hohe Effektivität des turbulenten Austausches in Strömungen zur erklären ist, denn es ist möglich, hohe Mischungsintensitäten durch den Austausch von Impuls, Konzentration (Masse) und Energie (Wärme) zu gewährleisten, was sowohl zur Bildung homogener Brennstoff-Luft-Gemische (z.B. im Mischer bei Vormischverbrennung) als auch zum Austausch in der Flammenzone von Impuls, Spezies und Energie notwendig ist.

2.3 Beschreibung und Eigenschaften von Strömungsfeldern

Für das Verständnis dieser Arbeit ist es wichtig, grundlegende Eigenschaften von Strömungen zu unterscheiden. Es gibt stationäre Strömungen, die sich durch zeitlich konstante Größen beschreiben lassen, instationäre Strömungen hingegen zeichnen sich durch zeitlich unterschiedliche physikalische Größen wie beispielsweise die Strömungsgeschwindigkeit auszeichnen. Turbulente Strömungen - wie bereits in Kap. 2.2 beschrieben - bzw. turbulente Drallströmungen können mathematisch mit den Erhaltungsgleichungen für Masse (Kontinuitätsgleichung) und Impuls (Navier-Stokes-Gleichungen) vollständig charakterisiert werden. Betrachtet man nun zunächst Strömungen, die stationär und rotationssymetrisch sind, entfallen in den Differentialgleichungen die zeitlichen Ableitungen und die Ableitungen nach der Drehrichtung φ ($\partial/\partial t = \partial/\partial\varphi = 0$). Bei instationären Strömungen hingegen sind Messwerte eine Funktion der Zeit und es ist notwendig, geeignete Beschreibungen zu wählen, um sie durch Aufteilung in einen zeitunabhängigen Mittelwert und einen zeitabhängigen Schwankungsanteil zu zerlegen. Um den turbulenten Charakter eines Strömungsfeldes beschreiben zu können, wird der Momentanwert der Geschwindigkeit u(t) an einem beliebigen Punkt im turbulenten Strömungsfeld nach der Reynold´schen Zerlegung in den Mittelwert $\bar{u}$ und die momentane Abweichung von diesem Mittelwert u'(t), die sogenannte Schwankungsgröße, aufgeteilt [74]:

$$u(t) = \bar{u} + u'(t), \tag{2.10}$$

wobei der Mittel- und Schwankungswert folgendermaßen definiert sind:

$$\bar{u} = \lim_{(t_2-t_1)\to\infty} \frac{1}{t_2 - t_1} \int_{t_1}^{t_2} u(t)\,dt \tag{2.11}$$

und

$$u'(t) = u(t) - \bar{u}. \tag{2.12}$$

Werden die Geschwindigkeitskomponenten gemäß den Gleichungen (2.11) und (2.12) in die Navier-Gleichungen eingesetzt und unter den oben genannten Vernachlässigungen die Gleichungen aufgestellt, ergibt sich bei der Annahme inkompressibler Strömung folgendes Gleichungssystem (Reynoldsgleichungen, [80]):

Kontinuitätsgleichung:

$$\frac{\partial \bar{u}}{\partial x} + \frac{\partial \bar{v}}{\partial r} + \frac{\bar{v}}{r} = 0 \tag{2.13}$$

Impulsgleichungen:

$$\bar{u} \cdot \frac{\partial \bar{u}}{\partial x} + \bar{v} \cdot \frac{\partial \bar{u}}{\partial r} = -\frac{1}{\rho} \frac{\partial \bar{p}}{\partial x} + \frac{1}{\rho} \cdot \left[\frac{1}{r} \frac{\partial}{\partial r} \cdot (r \cdot \tau_{xr}) + \frac{\partial}{\partial x} (\tau_{xx}) \right] \tag{2.14}$$

$$\bar{u} \cdot \frac{\partial \bar{v}}{\partial x} + \bar{v} \cdot \frac{\partial \bar{v}}{\partial r} - \frac{\bar{w}^2}{r} = -\frac{1}{\rho} \frac{\partial \bar{p}}{\partial r} + \frac{1}{\rho} \cdot \left[\frac{1}{r} \frac{\partial}{\partial r} \cdot (r \cdot \tau_{rr}) - \frac{1}{r} \tau_{\varphi\varphi} + \frac{\partial}{\partial x} (\tau_{xr}) \right] \tag{2.15}$$

$$\bar{u} \cdot \frac{\partial \bar{w}}{\partial x} + \bar{v} \cdot \frac{\partial \bar{w}}{\partial r} + \frac{\bar{w} \cdot \bar{v}}{r} = \frac{1}{\rho} \cdot \left[\frac{1}{r^2} \frac{\partial}{\partial r} \cdot \left(r^2 \cdot \tau_{\varphi r} \right) + \frac{\partial}{\partial x} (\tau_{\varphi r}) \right] \tag{2.16}$$

Die Reynoldsgleichungen 2.14 bis 2.16 sind von der Form den Navier-Stokes-Gleichungen ähnlich und sind in den Komponenten des Schubspannungstensors (Newton´sche Schubspannungen) um die Korrelationen zur Beschreibung der turbulenten Geschwindigkeitsschwankungen erweitert. Nach [36], [37], [39] ist es jedoch in turbulenten Strömungen gerechtfertigt, die Newton´schen Spannungen gegenüber den Reynold´schen Spannungen zu vernachlässigen ($\tau_{turb} > \tau_{lam}$). Somit stellen die Reynoldsspannungen ein Maß für den turbulenten Impulsaustausch dar. In einem Strömungsfeld einer Strömung mit aufgeprägter Drallkomponente (Tangentialgeschwindigkeitskomponente) erhöht sich also im Vergleich zu einer reinen Axialströmung die Turbulenz erheblich, da sämtliche Normal- und Schubspannungsanteile die Anteile (Mittel- oder Schwankungswert) der Tangentialgeschwindigkeit w enthalten und einen zusätzlichen turbulenten Impulsaustausch bewirken.

2.3.1 Drallbehaftete Strömungen

In Strömungen mit überlagerter Rotationsbewegung ist zur vollständigen Beschreibung des Geschwindigkeitsfeldes zusätzlich zu den Komponenten Axial- $u(r,t)$ und Radialgeschwindigkeit $v(r,t)$, die Verteilung der Tangentialgeschwindigkeit $w(r,t)$ sowie des lokalen Druckes $p(r,t)$ und der Dichte $\rho(r,t)$ zu berücksichtigen. Die weiteren Ausführungen beziehen sich auf ein Zylinderkoordinatensystem.

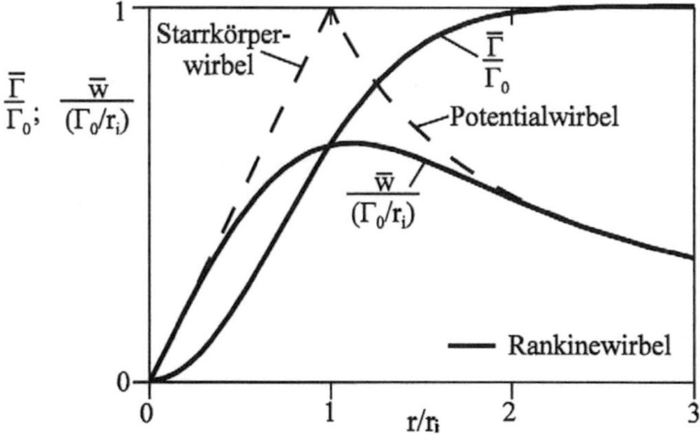

Abb. 2.2: Verlauf der Tangentialgeschwindigkeit $\bar{w}(r)$ und der Zirkulation $\bar{\Gamma}(r)$ in einem Rankinewirbel [36]

Bei den im weiteren vorgestellten turbulenten Drehströmungsfeldern wird unter Annahme idealisierter, ebener Wirbelformen die Geschwindigkeitsverteilung beschrieben. Dabei werden für verschiedene Bereiche des Strömungsfeldes unterschiedliche Wirbelformen angenommen, die im folgenden mit ihren wichtigsten Eigenschaften vorgestellt werden.

1. Der **Potentialwirbel** ist eine Wirbelform der reibungsfreien, isoenergetischen Strömung und besitzt eine hyperbolische Tangentialgeschwindigkeitsverteilung [99].

2. Der **Starrkörperwirbel** weist eine lineare Geschwindigkeitsverteilung auf.

3. Der **Rankine-Wirbel** ergibt sich aus der Überlagerung von Starrkörper- und Potentialwirbel (siehe Abb. 2.2).

Der Potentialwirbel (siehe 1) weist folgende hyperbolische Tangentialgeschwindigkeitsverteilung

$$\bar{w}(r) = C_1 \cdot \frac{1}{r} \tag{2.17}$$

sowie eine konstante Zirkulation auf:

$$\Gamma = \oint_c \vec{u} \cdot d\vec{s} = 2\pi \cdot \bar{w}(r) \cdot r = 2\pi \cdot C_1. \tag{2.18}$$

Hierbei ist $\vec{u}$ der Geschwindigkeitsvektor und $d\vec{s}$ das zugehörige Weg-Vektorelement eines beliebigen Kurvenzugs c. Die Tangentialgeschwindigkeit (Gl. 2.17) und der Druck (Gl. 2.19) ändern sich im Potentialwirbel gegenläufig (siehe [99]):

$$p = p_1 + \frac{\rho}{2} \cdot \bar{w}_1^2 \cdot r_1^2 \cdot \left(\frac{1}{r_1^2} - \frac{1}{r^2} \right). \tag{2.19}$$

Bei Annäherung an die Achse ($r \rightarrow 0$) nimmt für Newton´sche Fluide der Einfluss der Reibung immer stärker zu, wodurch es zu einer Zunahme der Scherkräfte kommt und damit die Umfangsgeschwindigkeit nicht gegen unendlich anwachsen kann. Im sogenannten Wirbelkern kommt es zur Ausbildung eines Starrkörperwirbels, der eine lineare Geschwindigkeitsverteilung aufweist:

$$\bar{w}(r) = C_2 \cdot r. \tag{2.20}$$

Die Zirkulation des Starrkörperwirbels berechnet sich nach der Definition in Gl. 2.18 folgendermaßen:

$$\Gamma = 2\pi \cdot \bar{w}(r) \cdot r = 2\pi \cdot C_2 \cdot r^2. \tag{2.21}$$

Die radiale Druckverteilung (Gl. 2.22) variiert im Gegensatz zum Potentialwirbel gleichsinnig mit der Tangentialgeschwindigkeit (Gl. 2.20)

$$p = p_1 + \frac{\rho}{2} \cdot \frac{\bar{w}_1^2}{r_1^2} \cdot \left(r^2 - r_1^2 \right). \tag{2.22}$$

Wird nun ein Starrkörper im Wirbelkern ($r \leq r_1$) mit einem Potentialwirbel ($r > r_1$) überlagert, ergibt sich das Modell des Rankine-Wirbels, der reale Strömungsfelder gut abbildet. Die Tangentialgeschwindigkeit ergibt sich nach diesem Modell zu:

$$\bar{w}(r) = \bar{w}(r_1) \cdot \left(\frac{r}{r_1} \right)^{-n} mit \left\{ \begin{array}{ccc} n = -1 & \text{für} & 0 \leq r \leq r_1 \\ 0 \leq n \leq 1 & \text{für} & r > r_1 \end{array} \right\}, \tag{2.23}$$

wobei der Exponent in diesem Modell dazu dient, den Potentialbereich ($r > r_1$) an verschiedene Strömungsformen anzupassen. Für eingeschlossene Messungen an isothermen Drallstömungen wurden Werte von $0,2 < n < 0,8$ ermittelt [25], [40]. Bei freiabströmenden Drallströmungen wurden Werte bis $n = 16$ festgestellt [83].

Die sich tatsächlich ausbildende Wirbelform hängt von dem eingesetzten Drallerzeuger und somit von der Art der Erzeugung des Drehströmungsfeldes ab. In diesem Zusammenhang seien nur zusammenfassend die gebräuchlichsten Drallerzeugungsarten für technische Anwendungen erwähnt, nämlich Drallerzeugung mit Axialschaufeldrallerzeugern (Axialgitter) sowie mit tangentialen oder radialen Einlässen, und ansonsten auf die ausführlichen Darstellungen in der Literatur verwiesen [64], [81].

2.3.2 Definition und Bedeutung der Drallstärke

Um Strömungsfelder technischer Anlagen und insbesondere von Verbrennungssystemen miteinander vergleichen zu können, ist es notwendig, eine dimensionslose Kennzahl einzuführen, um Aussagen über die Stärke der Verdrallung einer Strömung zu ermöglichen. Dies ist vor allem bei Fragestellungen im Zusammenhang mit Flammenlänge und Zündstabilität wichtig. Für Drallströmungen in technischen Anwendungen hat sich meist die Drallzahl S gemäß Gl. 2.24 als dimensionslose Kennzahl durchgesetzt. Dabei wird der Drehimpulsstrom $\bar{D}$ (Gl. 2.25) mit dem Axialimpulsstrom (Gl. 2.26) ins Verhältnis gesetzt und mittels der geometrischen Größe R_0 (charakteristische Brennerabmessung) dimensionslos gesetzt:

$$S = \frac{\bar{D}}{\bar{I}_{ges} \cdot R_0}. \tag{2.24}$$

mit

$$\bar{D} = 2\pi \int\limits_{0}^{\infty} \left[\rho \cdot \left(\overline{uw} + \overline{u'w'} \right) \right] r^2 dr \tag{2.25}$$

$$\bar{I}_{ges} = \bar{I} + \bar{P} = 2\pi \int\limits_{0}^{\infty} \left[\rho \left(\bar{u}^2 + \overline{u'}^2 \right) + (\bar{P} - P_\infty) \right] r dr. \tag{2.26}$$

In den meisten Anwendungen ist es vertretbar die turbulenten Anteile zu vernachlässigen, was zur Definition der effektiven Drallzahl S_{eff} führt:

$$S = \frac{\int\limits_{0}^{\infty} \left[\rho \left(\overline{uw} \right) \right] r^2 dr}{R_0 \int\limits_{0}^{\infty} \left[\rho \bar{u}^2 + (\bar{P} - P_\infty) \right] r dr}. \tag{2.27}$$

Aufgrund der Schwierigkeit der messtechnischen Erfassung der Einsatzgrößen in Abhängigkeit ihrer räumlichen Verteilung wird oftmals zu einer vereinfachten Betrachtung der Drallzahl übergegangen, um eine Vergleichbarkeit unterschiedlicher

Brenner (geometrische Gestaltung, Art der Drallerzeugung) vornehmen zu können [30]:

$$S_0 = \frac{\overline{\dot{D}}}{\overline{\dot{I}}_0 \cdot R_0}. \tag{2.28}$$

Hierbei repräsentiert $\overline{\dot{I}}_0$ gemäß Gleichung 2.29 den volumetrisch gemittelten Axialimpulsstrom am Brenneraustritt.

$$\overline{\dot{I}}_0 = \frac{\overline{\dot{M}_0}}{\overline{\rho_0} \cdot A_0}. \tag{2.29}$$

Eine weitere häufig getroffene Vereinfachung stellt die theoretische Drallzahl dar. Dabei wird der Drehimpuls $\dot{D}_0$, unter Annahme von Reibungsfreiheit berechnet:

$$S_{0,th} = \frac{\overline{\dot{D}_0}}{\overline{\dot{I}}_0 \cdot R_0}. \tag{2.30}$$

Die Herleitung und Bestimmung von $S_{0,th}$ für unterschiedliche Drallerzeugertypen wird von [52; 36] ausführlich beschrieben. Dort sind auch Messungen und Überlegungen zu Abweichungen von $S_{0,th}$ und S zusammengestellt, was vor allem bei der Betrachtung von Drallströmungen an einer Anlagenkonfiguration unter isothermen Bedingungen und unter Verbrennungsbedingungen zu erheblichen Unterschieden führt, da bei der Verbrennung durch die thermische Expansion aufgrund der stark exothermen Reaktion ein deutlicher Anstieg des Axialimpulsstroms bei unverändertem Drehimpulsstrom zu beobachten ist und sich somit die Drallstärke verringert.

In Abb. 2.3 ist der charakteristische Verlauf einer ausgebildeten Drallströmung mit innerer Rezirkulationszone dargestellt. Die Drallstärke der in der vorliegenden Arbeit verwendeten Drallströmungen wurde so hoch gewählt ($S_{0,th} > S_{0,th,krit} \geq$ 0.49), dass auch unter Verbrennungsbedingungen ein ausgeprägtes Rückströmgebiet im Strömungsfeld vorliegt (Kap. 6). Deshalb sei an dieser Stelle im Zusammenhang mit dem Einfluss der Drallstärke auf das Strömungsfeld auf zahlreiche und umfassende Arbeiten verwiesen: [62], [78], [27], [54], [35], [24], [61]. Vor allem die Arbeit von Hall [35] soll hervorgehoben werden, weil hier drei Möglichkeiten zum Aufteilen des Phänomens Vortex-Breakdown genannt werden (Ablösung der inneren Grenzschicht, hydrodynamische Instabilität und Existenz eines kritischen Zustands).

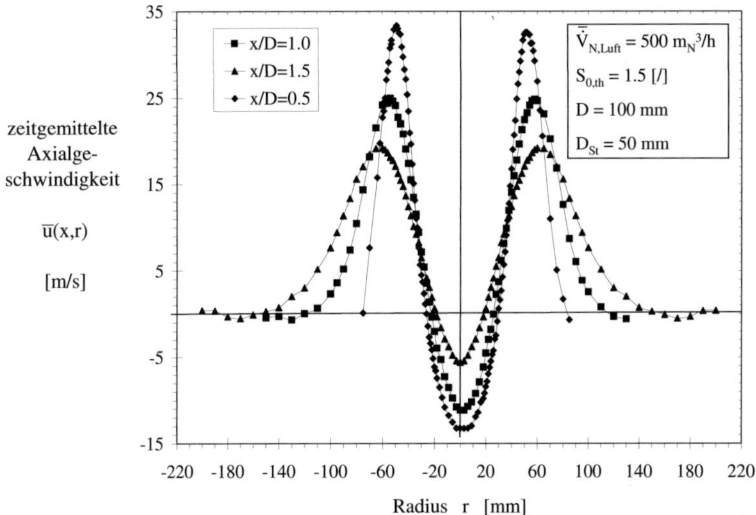

Abb. 2.3: Radialer Verlauf der Axialgeschwindigkeitskomponente $\bar{u}(x,r)$ für die Ebenen $x/D_{Brennerauslass}$= 0.5, 1.0, 1.5 eines Drallbrenners (Kap. 6.3.1, [34])

Man erkennt den typischen Verlauf des Drehströmungsfeldes in den einzelnen Ebenen mit dem jeweiligen Abstand x zum Brennerauslass von $x/D_{Brennerauslass}$= 0.5, 1.0, 1.5. Auf der Brennerachse bildet sich eine Rückströmzone aus ($\bar{u} < 0$ m/s) und mit zunehmendem Brennerabstand wird eine Verbreiterung des Strömungsgebietes bei gleichzeitiger Verringerung der Maximalgeschwindigkeit festgestellt.

3 Grundlagen der Verbrennungstechnik

In technischen Verbrennungssystemen werden turbulente Vormisch-Drallflammen mit unterschiedlichsten Funktionen und Anforderungen eingesetzt, da sie die Forderung niedriger NO_x-Emissionen bei gleichzeitig sehr hohen volumetrischen Reaktionsdichten erfüllen und auch bei hohen Brennerdurchsätzen stabil, stationär brennend und pulsationsfrei betrieben werden können.

In den vorliegenden Untersuchungen wurden ausschließlich gasförmige Brennstoffe verwendet, da die Flamme mit dem zugrundeliegenden Strömungsfeld stationär - zeitlich unabhängig - oder instationär und damit zeitabhängig sein kann. Ein weiteres Merkmal der Drallflamme ist die Art der Flammenstabilisierung, die aerodynamisch durch Verdrallung (Kap. 2.3.2), durch die Verwendung von Pilotflammen oder Staukörper sowie eine Kombination aus diesen realisiert werden (Kap. 6.3.1). Untersuchungen zu Verbrennungsvorgängen im allgemeinen sind in einer Vielzahl von Arbeiten zu finden, in denen ausführliche Diskussionen der oben aufgezeigten Vielfalt der möglichen Flammentypen zu finden sind: [29], [30], [70], [91], [93], [95].

3.1 Thermische Leistung und Luftzahl

Eine wichtige Grundgröße zur Beschreibung eines Verbrennungssystems ist die thermische Leistung. Sie ist der Anteil der ursprünglich in den Edukten chemisch gebundenen Energie, der nun nicht mehr in den Produkten chemisch gebunden ist, sondern in eine andere Energieform, die sogenannte Reaktionsenthalpie gewandelt wurde. Zur Ermittlung der bei Verbrennungsreaktionen freiwerdenden Energiemenge kann eine Bilanz unter Einbeziehung sämtlicher an der Reaktion beteiligten Spezies und unter der Annahme des vollständigen Reaktionsumsatzes aufgestellt werden, wobei hierbei häufig die Standardbildungsenthalpien der beteiligten Edukte und Produkte $\Delta_{B,i}h^0_{298}$ (p = 1013 mbar, T = 25 °C) verwendet werden. Die durch die Verbrennungsreaktion bei vollständigem Umsatz (in stabile Produkte, ohne Dissoziationsreaktionen) von einem Mol Brennstoff frei werdende Enthalpie wird als Heizwert des eingesetzten Brennstoffes bezeichnet. Beim Begriff Heizwert unterscheidet man bei technischen Anwendungen die beiden Begriffe unterer Heizwert H_U und oberer Heizwert H_O, wobei sie sich lediglich um die Kondensationsenthalpie des im Abgas enthaltenen Wassers unterscheiden:

$$H_O = H_U + \Delta_V h_{H_2O} \tag{3.1}$$

Hierbei beträgt die Kondensationswärme von Wasser $\Delta_V h_{H_2O}$ = 45 kJ/mol. Ein typischer Wert des unteren Heizwertes für das bei den Untersuchungen dieser Arbeit verwendete Erdgas mit einem Methananteil von durchschnittlich etwa 92% beträgt H_U = 828.2 kJ/mol = 36947.8 kJ/m_N^3, was einer Zusammensetzung von 92% Methan, 2% Ethan, 3% Propan und 3% Stickstoff entspricht und sich aus den Heizwerten der einzelnen Bestandteile gewichtet mit ihrem prozentualen Anteil des Brennstoffgemisches berechnet [10].

In technischen Anwendungen ist es - außer bei der im Haushaltsbereich seit einigen Jahren angebotenen Brennwerttechnik - üblich, das bei der Verbrennung entstehende Wasser gasförmig, ohne Rückgewinnung der Kondensationsenthalpie in die Umgebung abzugeben. Bei Kenntnis des unteren Heizwertes des verwendeten Brennstoffes kann die thermische Leistung folgendermaßen berechnet werden:

$$\overline{\dot{Q}_{th}} = \dot{m}_{BS} \cdot H_U \tag{3.2}$$

Voraussetzung für die Gültigkeit von Gleichung 3.2 ist, dass der Brennstoff vollständig umgesetzt wird, was beim genannten Beispiel der Methanverbrennung bedeutet, dass als Reaktionsprodukte nur CO_2 und H_2O entstehen und keinerlei Dissoziationsreaktionen ablaufen.

$$CH_4 + 2O_2 \rightleftharpoons CO_2 + 2H_2O \tag{3.3}$$

Um die genannte Bedingung des vollständigen Brennstoffumsatzes realisieren zu können, ist es notwendig, dass der benötigte Sauerstoff in ausreichender Menge vorliegt. Zusätzlich müssen die Verbrennungsedukte als zündfähiges Gemisch vorliegen, um nach Beginn der Verbrennung bei ausreichender Verweilzeit vollständig in die Verbrennungsprodukte umgesetzt zu werden. Die bei vollständigem, stöchiometrischem Umsatz benötigte, minimale Luftmenge wird als spezifischer Mindestluftbedarf l_{min} bezeichnet und ist diejenige Luftmenge (unter der Voraussetzung des 21%-igen Sauerstoffanteils), die zur vollständigen Verbrennung eines Normkubikmeters bei gasförmigen Brennstoffen und eines Kilogramms bei flüssigen und festen Brennstoffen benötigt wird. Zur Beschreibung der Verbrennungsluftmenge hat sich in der Verbrennungstechnik die Luftzahl durchgesetzt, die - wie aus Gl. 3.4 hervorgeht - das Verhältnis aus tatsächlich zugeführter Luftmenge l zu Mindestluftmenge l_{min} darstellt:

$$\lambda = \frac{l}{l_{min}} = \frac{\dot{V}_{N,Luft}}{\dot{V}_{N,BS} \cdot l_{min}}, \qquad (3.4)$$

Die vorgestellten Größen reichen zu einer quantitativen Beschreibung einer Verbrennung, allerdings ist zum Verständnis des tatsächlichen Verbrennungsverlaufes noch eine genauere Beschreibung des Strömungsfeldes und der Verbrennungsvorgänge sowie deren Interaktion notwendig.

3.2 Laminare und turbulente Brenngeschwindigkeit von Vormischflammen

Als laminare Brenngeschwindigkeit Λ_{lam} bezeichnet man diejenige Komponente der Geschwindigkeit, mit der sich eine ebene Flammenfront in einem ruhenden Brennstoff/ Luft-Gemisch ausbreitet. Sie ist zur Charakterisierung von laminaren Vormischflammen die entscheidende physikalische Größe. Die laminare Brenngeschwindigkeit, welche als flächenbezogene Volumenumsatz- oder Reaktionsumsatzrate des Brennstoffs in laminaren Flammen angesehen werden kann, ist außer von Druck und Temperatur des Frischgasgemisches nur von der Brenngasart und vom Mischungsverhältnis des Brenngas/Luft-Gemischs (im eingeschlossenen Fall: Luftzahl λ_{Misch}) abhängig. Das Maximum der laminaren Brenngeschwindig-

keit liegt nahe der stöchiometrischen Mischung auf der luftarmen Seite $\lambda_{Misch} < 1$.
[30]

$$\Lambda_{lam} = f\left(Brennstoff, Luftzahl\ \lambda_{Misch}, Druck\ p, Temperatur\ T_{Misch}\right) \quad (3.5)$$

Der Unterschied von turbulenten und laminaren Vormischflammen besteht darin, dass im turbulenten Fall Lage und Gestalt der Flammenfront im Raum zeitlichen Schwankungen entsprechend den turbulenten Schwankungen der Strömungsgeschwindigkeit unterliegen. Die Reaktionszone definiert sich als Bereich innerhalb dessen, zu jedem beliebigen Zeitpunkt, Reaktionen mittels optischer Messverfahren beobachtet werden können. Weiterhin lässt sich hieraus eine mittlere oder Haupt- Reaktionszone bestimmen [19]. Gemische weisen eine turbulente Brenngeschwindigkeit auf, die ein Mehrfaches ihrer laminaren beträgt, was gemäß [30] auf die durch die Turbulenz bewirkte Vergrößerung der Reaktionsfläche der Flamme und den turbulenzbedingten verstärkten Austausch von Wärme und reaktiven Spezies zurückzuführen ist. Hervorgehoben seien an dieser Stelle die Arbeiten von DAMKÖHLER [23], der als erster den Einfluss von Turbulenz auf die Brenngeschwindigkeit beschrieb und BORGHI [11], dessen Arbeiten in einem Diagramm zur Klassifizierung verschiedener Flammenstrukturen mündeten (siehe Kap. 3.3 und Abb. 3.1).

Entsprechend der Flammenfrontstruktur, die in Kap. 3.3 ausführlich beschrieben wird, ergeben sich zusätzliche Abhängigkeiten der turbulenten Brenngeschwindigkeit im Vergleich zur laminaren Brenngeschwindigkeit [82]:

$$\Lambda_{turb} = f\left(v, \tau_c, \tau_t, u' \cdot L_t\right). \quad (3.6)$$

Hierbei handelt es sich bei den Größen τ_c und τ_t um Zeitmaße der chemischen Reaktion bzw. der turbulenten Mischung. Der Zusammenhang 3.6 konnte durch die Einführung der turbulenten Damköhlerzahl $Da_t = \tau_t / \tau_c$, die das Verhältnis aus dem Zeitmaß der turbulenten Mischung und dem Zeitmaß der chemischen Reaktion wiedergibt, folgendermaßen weiter vereinfacht werden:

$$\Lambda_{turb} = f\left(\Lambda_{lam}, Da_t, Re_t\right). \tag{3.7}$$

Es gelingt [82], eine Korrelation für alle Flammenregimes aufzustellen und anhand vorliegender experimenteller Daten [57], [65] zu bestätigen:

$$\frac{\Lambda_{turb}}{\Lambda_{lam}} = 1 + Re_t^{1/2} \cdot \left(1 + Da_t^2\right)^{-1/4}. \tag{3.8}$$

Zur genaueren Bestimmung der turbulenten Brenngeschwindigkeit wird an dieser Stelle auf die zahlreichen Arbeiten in der Literatur verwiesen [69], [100], [3], [2], [57], [65], [43], [84], [98].

3.3 Einteilung turbulenter Vormisch-Flammen nach Borghi

Um die komplexen Wechselwirkungen turbulenter Mischungs- und Transportprozesse mit den chemischen Reaktionen der Verbrennung in Vormischflammen zu verstehen, die zu unterschiedlichsten turbulenten Flammenfronten und -strukturen führen, muss eine Klassifizierung der Vormischflammen vorgenommen werden. Es gibt von zahlreichen Autoren unterschiedliche oder sich ähnelnde Vorschläge dieser Einteilung [1; 11; 12; 14; 68; 86; 95], allerdings hat sich die Klassifizierung von Flammen in unterschiedliche Regime nach BORGHI [11] durchgesetzt.

Der Grundgedanke von Borghi ist, dass als Vereinfachung für die turbulente Mischung sowie die chemische Reaktion jeweils ein relevantes Zeit- und Längenmaß für den gesamten Reaktionsverlauf bestimmend ist. Er entwickelte das in Abb. 3.1 dargestellte Diagramm für vorgemischte Verbrennung. Eine sehr detaillierte Erklärung der einzelnen Bereiche findet sich bei [94], hier wird nur auf diejenigen Bereiche eingegangen, die für technische Vormisch-Flammen von Interesse sind, also die Bereiche D und E.

Mit der genannten Vereinfachung, dass die turbulente Mischung und die chemische Reaktion in den gleichen Zeit- und Längenskalen ablaufen, wird ein Verhältnis aus einem für die Turbulenz charakteristischen Geschwindigkeitsmaß u_t' nach

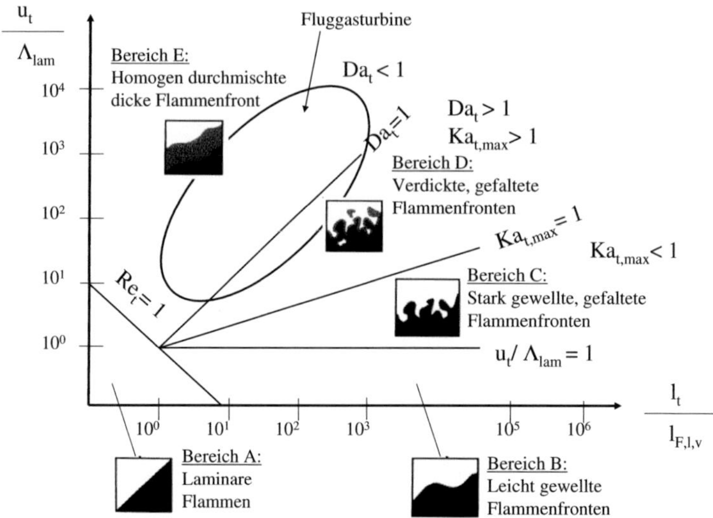

Abb. 3.1: Regimes der turbulenten, vorgemischten Verbrennung (nach BORGHI [12], [94])

Gl. 2.10 zur Brenngeschwindigkeit der ungestreckten, laminaren und vorgemischten Flamme Λ_{lam} mit dem Verhältnis aus dem turbulenten Längenmaß l_t zur Dicke der laminaren, vorgemischten Flamme $l_{F,l,v}$ verglichen. Zur Einteilung in unterschiedliche Bereiche, den Regimes, wurden die nachfolgend aufgeführten dimensionslosen Kennzahlen eingeführt. Die Annahme, dass die Prandtl-Zahl Pr, die das Verhältnis aus diffusivem Transport von Impuls und Wärme beschreibt, zu 1 wird, bedeutet, dass die kinematische Viskosität und die Temperaturleitfähigkeit gleich groß sind. Damit kann die turbulente Reynolds-Zahl Re_t (Gl. 2.4) als Funktion der in Abb. 3.1 verglichenen Verhältnisse ausgedrückt werden:

$$Re_t = \frac{u_t'}{\Lambda_{lam}} \cdot \frac{l_t}{l_{F,l,v}} \quad bzw. \quad \frac{u_t'}{\Lambda_{lam}} = Re_t \cdot \left(\frac{l_t}{l_{F,l,v}}\right)^{-1} . \tag{3.9}$$

Mit Hilfe der turbulenten Damköhlerzahl $Da_t = \tau_t/\tau_c$, die das Verhältnis aus dem Zeitmaß der turbulenten Mischung und dem Zeitmaß der chemischen Reaktion wiedergibt, ist es möglich, das Zeitmaß der größten Wirbel im turbulenten Spektrum ($\tau_t = l_t/u_t$) mit dem Zeitmaß der Wärmefreisetzung, welche nach [38] durch Gleichung 3.10 berechnet wird, zu vergleichen.

$$\tau_c = \frac{l_c}{\Lambda_{lam}}, \tag{3.10}$$

wobei l_c die Dicke der laminaren, vorgemischten Flamme und Λ_{lam} die Brenngeschwindigkeit der ungestreckten, laminaren, vorgemischten Flamme sind. Somit ist das Verhältnis von Wärmefreisetzung durch die chemischen Reaktionen zum turbulenten Transport der energietragenden, integralen Skalen folgendermaßen definiert:

$$Da_t = \frac{\tau_t}{\tau_{F,l,v}} = \frac{l_t/u_t}{l_{F,l,v}/\Lambda_{lam}} \quad bzw. \quad \frac{u_t}{\Lambda_{lam}} = Da_t^{-1} \cdot \frac{l_t}{l_{F,l,v}}. \tag{3.11}$$

Des Weiteren ist es zur Beschreibung von Effekten der Flammenstreckung, sogenannten Stretch-Effekte, notwendig, ein Verhältnis aus dem Zeitmaß der Wärmefreisetzung und dem Zeitmaß der Wirbelklasse, die die Flammenfront bestimmen, zu bilden. Dieses Verhältnis wird als Karlovitz-Zahl Ka bezeichnet und lässt sich für den turbulenten Fall als Ka_t in Abhängigkeit der Makromaße (u_t, l_t, τ_t) unter Verwendung des Kolmogorov-Mikromaßes τ_v darstellen, da die turbulente Karlovitz-Zahl für die kleinsten Wirbelelemente des Strömungsfeldes maximal wird:

$$Ka_{t,max} = \frac{\tau_{F,l,v}}{\tau_v} \approx \frac{\tau_{F,l,v}}{\tau_t} \cdot Re_t^{1/2} = \left(\frac{u_t}{\Lambda_{lam}}\right)^{3/2} \cdot \left(\frac{l_t}{l_{F,l,v}}\right)^{-1/2}$$

$$bzw. \quad \frac{u_t}{\Lambda_{lam}} = Ka_{t,max}^{2/3} \cdot \left(\frac{l_t}{l_{F,l,v}}\right)^{1/3}. \tag{3.12}$$

Die in Abb. 3.1 dargestellten unterschiedlichen Flammenregime lassen sich folgendermaßen einteilen:

Bereich A, $Re_t < 1$: Die Flammenfront ist in diesem Bereich der laminaren Verbrennung glatt und kann als ungestreckte, laminare Vormischflamme beschrieben werden.

Bereich B, $Re_t > 1$, $u_t < \Lambda_{lam}$: Die Flammenfront wird durch die im Vergleich zur Flammengeschwindigkeit Λ_{lam} kleinen Geschwindigkeitsschwankungen u_t und die im Vergleich zur Flammenfrontdicke $l_{F,l,v}$ großen Turbulenzwirbel l_t nur wenig beeinflusst. Die Flammenfront ist somit gewellt, sehr dünn und fluktuiert, wodurch sie im zeitlichen Langzeitmittel verdickt wirkt. Die turbulente Flammengeschwindigkeit Λ_{turb} ist im Vergleich zur laminaren, ungestreckten Vormischflamme (Bereich A) Λ_{lam} durch die vergrößerte Flammenoberfläche erhöht [50; 82].

Bereich C, $Re_t > 1$, $u_t > \Lambda_{lam}$, $Ka_{t,max} < 1$: Sobald die Geschwindigkeitsfluktuationen u_t die laminare Flammengeschwindigkeit Λ_{lam} überschreiten, kommt es zu einer Auffaltung der Flammenfront, die als dünn anzusehen ist im Vergleich zu den Wirbelabmessungen, d.h. die Flammenfront wird durch die Wirbel lediglich deformiert und konvektiv transportiert. Dadurch kommt es zu einer Flammenfrontdehnung, die bei zunehmendem Turbulenzgrad in eine Flammenfrontkrümmung übergeht, wodurch es zu Quensch- und Wiederzündungsvorgängen kommen kann, die wiederum bewirken, dass einzelne unverbrannte Frischgemischballen abgeschnürt werden und eigenständig jenseits der Flammenfront abbrennen.

Bereich D, $Re_t > 1$, $Ka_{t,max} > 1$, $Da_t \geq 1$: In diesem Regime ist das Zeitmaß der chemischen Reaktion (Wärmefreisetzung) $\tau_{F,l,v}$ größer als die Zeitskala der kleinsten Turbulenzelemente τ_v, wodurch es möglich wird, dass die kleinsten Turbulenzelemente aufgrund ihrer geringen räumlichen Erstreckung vollständig in die Flammenfront eindringen, wo sie eine Intensivierung des diffusiven Austausches bewirken und dadurch eine Verdickung der Flammenfront bewirken. Durch die Verdickung der Flammenfront ist es auch möglich, dass Turbulenzelemente mit zunehmend größeren Längenmaßen in die Flammenfront eindringen und die Verdickung dadurch erhöhen. Nach [100] ist es aufgrund dimensionsanalytischer Betrachtungen möglich, die Dicke der Flammenfront $l_{F,t,v}$ gemäß Gl. 3.13 abzuschätzen:

$$l_{F,t,v} \propto l_t \cdot \left(\frac{\tau_{F,l,v}}{\tau_t}\right)^{3/2} \propto l_t \cdot \left(\frac{1}{Da_t}\right)^{3/2}. \tag{3.13}$$

Starke Flammenstreckungen (Stretch-Raten) führen zu lokalem Verlöschen, was zu einem Aufreißen der Flammenfront führt. Bei konstantem Längenmaß l_t und stetig zunehmender Schwankungsgeschwindigkeit u_t ergibt sich als Grenzfall, dass beim Erreichen von $Da_t = 1$ Wirbel aller Größenklassen bis zum turbulenten Makrolängenmaß l_t in die Flammenfront eindringen und zu einem Verdicken derselben führen. Die Flammenfrontoberfläche ist gegenüber der laminaren, ungestreckten Flamme stark vergrößert. Das bedeutet, dass die turbulente Flammengeschwindigkeit ebenfalls erhöht sein muss und somit ist der Bereich der verdickten Flammen abgegrenzt.

Bereich E, $Re_t > 1$, $Da_t < 1$: In diesem Regime ist das turbulente Zeitmaß sämtlicher Wirbelklassen τ_t kleiner als das Zeitmaß der Wärmefreisetzung $\tau_{F,l,v}$, was bedeutet, dass sämtliche Wirbel zu einer Intensivierung des turbulenten Austausches führen und die Flammenfront verdicken. Da auch die größten Wirbel zu dieser Verdickung beitragen, erfolgt keinerlei Flammenfrontauffaltung und, da die Wärmefreisetzung sehr viel langsamer als die turbulente Mischung abläuft, liegt in der Flammenfront ein ideal rückvermischtes System vor und wird deshalb auch als homogener Reaktor betrachtet. Die Umsatzgeschwindigkeit wird durch das langsamere Zeitmaß der Wärmefreisetzung bestimmt und es ergibt sich nach DAMKÖHLER [23] folgende Abhängigkeit der Flammengeschwindigkeit:

$$\frac{u_{F,t,v}}{\Lambda_{lam}} \propto \left(\frac{u_t}{\Lambda_{lam}} \cdot \frac{l_t}{l_{F,l,v}}\right)^{1/2} \quad bzw. \quad \frac{u_{F,t,v}}{\Lambda_{lam}} \propto Re_t^{1/2}. \tag{3.14}$$

3.4 Drallflammen in technischen Verbrennungssystemen

In technischen Verbrennungssystemen werden zwei unterschiedliche Verbrennungskonzepte eingesetzt, die sich vom Ort der Mischung von Brennstoff und Verbrennungsluft unterscheiden: **Diffusions- und Vormisch-Drallflammen**. Bei der technischen Realisierung turbulenter Diffusions-Drallflammen lassen sich zwei prinzipiell verschiedene Flammentypen nach [53], [51] voneinander abgrenzen, abhängig von der Art der Brennstoffzuführung. Eine **Typ-I Diffusions-Drallflamme** bildet sich bei axialer Brennstoffausdüsung in die Brennkammer, wobei mit sehr hohem Austrittsimpuls eingedüst wird, wodurch die Rezirkulationszone durchstoßen werden kann und sich ein ringförmiges inneres Rezirkulationsgebiet ausbildet. Daraus resultiert eine verhältnismäßig langsame Vermischung von Luft und Brennstoff und die lang gestreckte, schlanke Form dieser Flamme, die von ihrer Charakteristik eher einer Axialstrahlflamme ähnelt. Wird der Brennstoff radial oder unter einem gewissen Winkel zur Brennerachse mit niedrigem Axialimpuls eingedüst, sodass er die innere Rezirkulationszone nicht durchstoßen kann, bildet sich die sogenannte **Typ-II Diffusions-Drallflamme** aus. Hierbei wird der Brennstoff in die Scherzone zwischen innerem Rezirkulationswirbel und Luftstrahl eingebracht, wodurch sich eine schnelle Brennstoff/Luft-Mischung und hohe Reaktionsdichten ergeben, weshalb diese Flammen eine kurze und buschige Form aufweisen. Die zweite große Gruppe sind Vormisch-Drallflammen, die dadurch gekennzeichnet sind, dass Brennstoff und Verbrennungsluft bereits vor Eintritt in den Verbrennungsraum homogen miteinander vermischt wurden. Somit muss das homogene Brennstoff/Luft-Gemisch im Brennraum lediglich konvektiv in die Verbrennungszone gebracht werden und auf dem Weg dorthin noch aufgeheizt werden. Da im Vergleich zu Diffusions-Drallflammen die Gemischbildung im Brennraum entfällt, zeichnen sich Vormisch-Drallflammen durch eine sehr kurze und kompakte Flammenform aus und es findet eine homogene Verbrennung ohne Temperaturspitzen oder bedeutende Konzentrationsunterschiede im Bereich der Flammenzone statt.

Da in technischen Verbrennungssystemen üblicherweise mit einem Luftüberschuss gearbeitet wird, ist die Forderung nach einer ausreichenden Sauerstoffmenge erfüllt. Bei der Mager-Vormischverbrennung ist ein Luftüberschuss von 100% durchaus üblich und führt durch eine Verringerung der Verbrennungstemperatur - bedingt durch den höheren thermischen Ballast, der mit aufgeheizt werden muss - zu einer starken Abnahme der Schadstoffemission (v.a. NO_x), solange ein Abquenschen der Reaktion vor dem vollständigen Brennstoffumsatz zu den erwünschten Produkten vermieden wird.

3.4.1 Eigenschaften turbulenter Vormisch-Drallflammen

In den vergangen Jahren wurde bei technischen Verbrennungssystemen vermehrt das Konzept der Mager-Vormischverbrennung umgesetzt, bei dem einerseits die Verbrennungsluft und der Brennstoff am Brenneraustritt bereits homogen miteinander vermischt vorliegen, d. h. aus dem Brenner tritt brennfähiges Gemisch aus, und andererseits die Erhöhung der Luftzahl auf Werte von $1 \ll \lambda < \lambda_{Verlösch}$, wodurch die Temperaturen in der Verbrennungszone der Flamme verringert werden, um weniger Schadstoffe zu bilden. Durch das Ausströmen von zündfähigem Brennstoff/Luft-Gemisch aus dem Brenner erreicht ein Gemisch mit einstellbarem Verhältnis von Brenngas und Verbrennungsluft die Verbrennungszone und nach der Ausströmung benötigt das Gemisch bis zur Zündung eine bestimmte konvektive Verzugszeit, die zum Erreichen der Zündtemperatur des Brennstoff/Luft-Gemisches nötig ist, und eine reaktionskinetische Verzugszeit. Eine weitere Herausforderung bei der Anwendung der Mager-Vormischverbrennung ist die Gewährleistung einer sicheren Zündstabilität, da vor allem beim Betrieb im mageren Bereich ($\lambda \gg 1{,}0$) zum Teil Gemischzusammensetzungen erreicht werden, die eine längere Zeit zur Vorwärmung auf Zündtemperatur benötigen. Hierbei ist es notwendig, eine lokal und zeitlich stationäre Zündung durch Verdrallung der Strömung zur Erhöhung der Verweilzeiten, durch Halte- oder Stützflammen, durch Versperrungskörper zur Erzeugung von Rezirkulationszonen oder eine Kombination der genannten Stabilisierungsmöglichkeiten zu gewährleisten.

3.4.2 Zündstabilisierung bei Vormisch-Drallflammen

Zündstabil brennende Flammen zeichnen durch eine ortsfeste und zeitinvariante Zündzone aus, die direkt am Brenneraustritt aufsitzend, stationär und pulsationsfrei brennt. Um diese Zündzone zu erhalten, muss in diesem Bereich ein homogen vermischtes, zündfähiges Brennstoff/Luft-Gemisch vorliegen, welches durch die Zufuhr von Wärme (beispielsweise durch Rückführung heißer Rauchgase oder eine Pilotflamme) auf die - ebenfalls von den Gemischeigenschaften abhängige - Zündtemperatur $T_{Zünd}$ aufgeheizt ist. Weitere Möglichkeiten zur Sicherstellung eines zündstabilen Betriebes von Flammen sind Staukörper (siehe Abb. 6.7) oder die

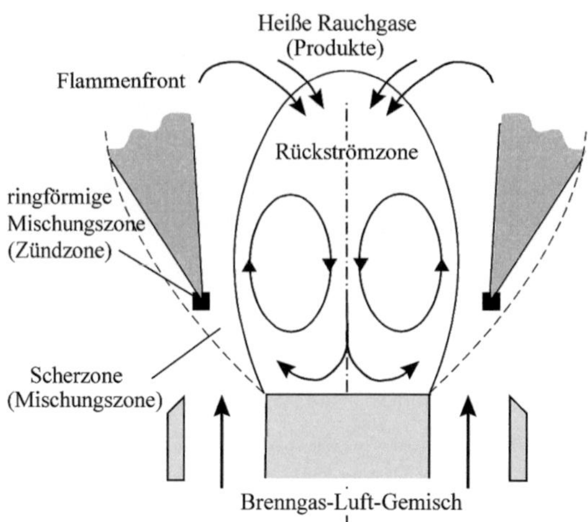

Abb. 3.2: Schematische Darstellung der Zündstabilisierung von Vormisch-Drallflammen durch Rückströmgebiete [87], [60]

Verdrallung der Strömung (Kap. 2.3.1), wodurch in unmittelbarer Brennaustritts-nähe Bereiche sehr niedriger Strömungsgeschwindigkeiten und somit verhältnis-mäßig langer Verweilzeiten des Gemisches erzeugt werden, um durch hohe turbulente Mischungsintensität Brennstoff/Luft-Gemisch mit - entgegen der Haupströmungsrichtung - rücktransportiertem, heißem Rauchgas und sehr reaktionsfreudigen Radikalen (CH_i, OH, etc.) sehr schnell zu vermischen. Zusätzlich können Pilotflammen verwendet werden, die eine Vorwärmung des zündfähigen, homogen vermischten Frischgemisches und eine ausreichende Radikalenbildung gewährleisten.

Vormischflammen brennen sehr brennernah und weisen geringe Flammenlängen auf, weshalb sie auf Störungen, wie zum Beispiel Massenstromschwankungen am Brennerauslass, sehr schnell, d.h. nach sehr kurzer Verzugszeit, reagieren und somit leicht und in weiteren Bereichen zur Ausbildung von selbsterregten Druck-/Flammenschwingungen neigen (Kap. 4, [20], [49], [60]).

4 Grundlagen der Verbrennungsinstabilitäten

4.1 Phänomenologie periodischer Verbrennungsinstabilitäten in technischen Feuerungssystemen

Periodische Verbrennungsinstabilitäten sind durch periodische Schwankungen der Flamme und durch periodische Schwankungen des statischen Druckes in der Brennkammer und/oder in vor- bzw. nachgeschalteten Anlagenteilen gekennzeichnet. Dabei muss in einem realen, verlustbehafteten, d.h. mit Dämpfung versehenen System eine ausreichende und phasenrichtige Zufuhr von Energie an das schwingungsfähige bzw. schwingende System erfolgen (Kap. 4.2.2). Aufgrund der unterschiedlichen Wirkmechanismen der Energiezufuhr an die Schwingung kann die große Anzahl möglicher Anregungsmechanismen in zwei Klassen unterteilt werden: Zum einen all die Anregungsmechanismen, die ihren Energiebedarf zur Aufrechterhaltung der Schwingung aus einer periodischen Quelle decken, die nicht ursächlich aus dem Verbrennungsprozess herrührt, zum anderen all die Mechanismen, bei welchen die Anregung und Erhaltung der Schwingung in einem geschlossenen Rückkopplungskreis mit der Flamme als Energielieferant erfolgt (Kap. 4.2, [19]).

Für die erste Klasse sind als Beispiele periodischer Störquellen alle periodisch-instationären Strömungen innerhalb des Brenners oder in den vorgeschalteten Zuleitungen zu nennen. Nach Identifizierung dieser Anregungsmechanismen kann die periodische Störquelle, beispielsweise durch Änderung der Brennergeometrie [16], [18] oder der Strömungsführung [58], beseitigt werden, wodurch die periodischen Verbrennungs- und Druckschwingungen verhindert werden. Im Falle der zweiten Klasse, die häufig auch als „selbsterregt", „selbsterhaltend" oder „thermoakustisch" bezeichnet werden, ist es nicht möglich anhand von Untersuchung der Einzelkomponenten des Rückkopplungskreises und den daraus erhaltenen „Einzelergebnissen" Rückschlüsse auf die Stabilität des Gesamtsystems zu ziehen. Es ist vielmehr notwendig, die komplexen Zusammenhänge zwischen den hochturbulenten, periodisch-instationären Strömungsvorgängen, dem dynamischen Reaktions-verhalten der Flamme und dem Resonanzverhalten der Brennkammer (und gegebe-nenfalls deren Zu- und Ableitungen) sowie die innerhalb des gesamten Verbrenn-ungssystems vorliegenden Rückkopplungsmechanismen genau zu analysieren.

4.2 Rückkopplungsmechanismen periodischer Verbrennungsinstabilitäten in technischen Vormisch-Verbrennungssystemen

Durch das physikalische Verständnis periodischer Verbrennungsinstabilitäten wird es möglich, Verfahren zu ihrer zielgerichteten Vermeidung bzw. Minderung ab-zuleiten, wofür die genaue Kenntnis der Anregungs- und Entstehungsmechanis-men notwendig ist. Die Einteilung der Rückkopplungsmechanismen erfolgt nach BÜCHNER [19] anhand der Komplexität technischer Verbrennungssysteme in flam-meninterne Rückkopplung und Systemrückkopplung.

Bei flammeninterner Rückkopplung werden periodische Störungen von der Flam-me selbst bzw. in der Zündzone der Flamme ohne weitere Verstärkung durch reso-nanzfähige Anlagenkomponenten erhalten. Dieses Phänomen wird beispielsweise bei laminaren Matrixbrennern in Gasthermen oder bei Drallbrennern mit metasta-bilen Zuständen beobachtet und ist in [20] ausführlich beschrieben. Am Drallbren-ner dieser Arbeit (Kap. 6.3.1) wurden ebenfalls metastabile Zustände festgestellt, die in [7], [8] dargestellt werden.

In den eigenen Untersuchungen wurde ein hochturbulenter Vormisch-Drallbrenner in Kombination mit wassergekühlten Brennkammern untersucht. Um voll-ausge-bildete instationäre Druck-/Flammenschwingungen zu erhalten, ist das Zusam-menwirken mehrerer Komponenten nach dem sog. Rückkopplungskreis nötig. In diesem Fall handelt es sich um eine komplexe System-Rückkopplung, die anhand Abb. 4.1 am Beispiel eines turbulenten, vorgemischten Verbrennungssystem dar-gestellt wird.

Die Wirkweise des Rückkopplungskreises mit anregender Gemischmassenstrom-schwankung bei konstanter, zeitunabhängiger Gemischzusammensetzung lässt sich

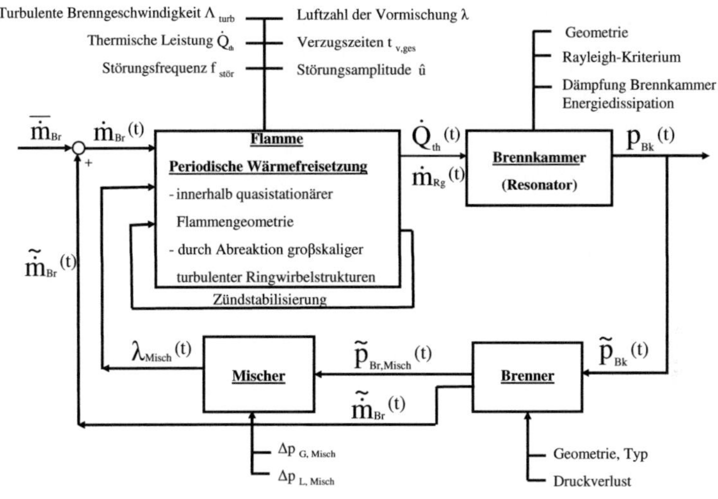

Abb. 4.1: Rückkopplungskreis periodischer Störungen in turbulenten (Vormisch-) Verbrennungssystemen [19], [20]

für den vorgemischten Fall unter Vernachlässigung der Gemischbildung im Mischer folgendermaßen verstehen: Eine ursächliche Störung (z. B. eine Strömungsstörung bereits in der isothermen Strömung, vgl. [67] oder die in turbulenten Strömungen technischer Brenner stets vorliegenden stochastischen Schwankungen) verlässt den Brenner, wird konvektiv in die Flammenzone transportiert und erreicht die Hauptreaktionszone, wo die Störung zu einer Schwankung der Wärmefreisetzungsrate der Flamme $\dot{Q}_{th}(t)$ (momentane Leistungsfreisetzung) führt. Dadurch schwankt die Menge des momentan gebildeten Rauchgases $\dot{m}_{Rg}(t)$ ebenfalls und führt zu einer Schwankung des Brennkammerdruckes $\hat{p}_{Bk}$, wobei die Energiezufuhr phasenrichtig erfolgen muss (Kap. 4.2.2). Die periodische Druckschwankung im Resonator (hier die Brennkammer) wirkt auf den Brenner mit seiner Geometrie und Druckverlust zurück und moduliert die Brennerausströmung. Wenn nun diese periodischen Schwankungen mit einer Amplitude auftreten, die das aus der Regelungstechnik bekannte Nyquist-Kriterium erfüllen (Kap. 4.2.2, [15], [28]) und entweder ausreichend hoch sind oder durch Resonanz so verstärkt werden, dass das System mit einer höheren Antwort auf eine aufgegebene Störung reagiert, kann es zur Ausbildung selbsterregter Druck-/Flammenschwingungen kommen (Gl. 4.3). Im Falle selbsterregter Verbrennungsinstabilitäten muss die Energiezufuhr durch die Flamme und das Zusammenwirken der Einzelkomponenten phasenrichtig erfolgen, um einen geschlossenen Rückkopplungskreis zu erhalten (Gl. 4.6).

In umfangreichen Arbeiten wurden bisher sowohl das Gesamtsystem [20] als auch schwerpunktmäßig die Komponente Flamme untersucht, die das dynamische Glied darstellt, welches durch Veränderung der Art der Verbrennungsführung vorgemischt-teilvorgemischt-diffusiv, der Art des Brennstoffes gasförmig-flüssig und der Betriebsparameter thermische Leistung, Luftzahl und Vorwärmung in weiten Bereichen variiert werden kann [19], [49], [55], [60] und gleichzeitig die notwendige Energiezufuhr zur Aufrechterhaltung von Verbrennungsinstabilitäten in realen, dämpfungsbehafteten Verbrennungssystemen sicherstellt (Kap. 4.2.1). Hierbei konnten Skalierungsgesetze abgeleitet werden, mit denen es möglich ist, ausgehend von einem dokumentierten schwingenden Punkt, die Stabilität eines Vormisch-Verbrennungssystem hinsichtlich Verbrennungsinstabilitäten für alle Betriebsparameter für eine vorgegebene Anlagenkonfiguration vorhersagen zu können.

4.2.1 Das Phänomen der periodischen Ringwirbelbildung bei Vormischflammen

In der Literatur finden sich zahlreiche Arbeiten zur Thematik, wie die stark von den verbrennungstechnischen Betriebsparametern, wie thermische Leistung $\bar{Q}_{th}$, Luftzahl λ_{Misch} oder Vorwärmtemperatur T_{Misch}, abhängige Änderung der flammenintegralen Reaktionsumsatzrate entweder innerhalb quasistationärer Flammengeometrie oder durch Bildung und Reaktion von kohärenten Ringwirbelstrukturen (voll-instationärer Fall) abreagiert und somit als Energielieferant zur Aufrechterhaltung von selbsterregten Druck-/Flammenschwingungen wirkt ([19], [20], [49], [60]). Der dem voll-instationären Fall mit Ringwirbelbildung zugrundeliegende

Mechanismus zeigt, wie die selbsttätige Erhaltung bzw. Verstärkung periodischer Schwankungen des statischen Druckes durch eine zeitlich-periodische Änderung der flammenintegralen Wärmefreisetzungsrate $\dot{Q}_{th}(t)$, die durch die Entstehung und phasenrichtige Abreaktion großskaliger, turbulenter Ringwirbelstrukturen gekennzeichnet ist, verursacht wird [20]. Die Entstehung der turbulenten Ringwirbelstrukturen wird mit einer trägheitsbedingten Einrollung der äußeren Randbereiche der vollturbulenten Strahl- bzw. Drallströmung erklärt, die wiederum durch Schwankungen des statischen Brennkammerdruckes $p_{Bk}(t)$ (Gegendruck) durch eine Beschleunigung der Brennerausströmung hervorgerufen werden [20], [49]. Bedingt durch „Gemischfronten" unterschiedlicher Geschwindigkeiten am Brennerauslass kommt es durch die Einholung von langsameren Fronten durch schnellere zu einer Beschleunigung der langsameren „Gemischfronten", wodurch aufgrund der Massenträgheit ein teilweises, radiales Ausweichen der einholenden, schnelleren Gemischströmung bewirkt wird. Diese lokale Verbreiterung des periodisch-instationären Strömungsfeldes durch radial ausweichendes Brennstoff/Luft-Gemisch führt zu kohärenten Strukturen, die zur Bildung von Ringwirbeln führen.

Während des weiteren Bildungsprozesses des Ringwirbels wird Umgebungsmedium mit eingerollt, im Falle eingeschlossener Verbrennung handelt es sich hierbei um heiße Rauchgase. Bei der hier näher ausgeführten Betrachtung turbulenter Ringwirbel kommt es innerhalb der Ringwirbelstruktur zu einem sehr schnellen turbulenten Austausch und einer Vermischung von Brennstoff/Luft-Gemisch und heißen Rauchgasen. Sobald innerhalb des Ringwirbels zündfähiges Gemisch vorhanden ist, kann es zu spontaner Abreaktion in der Ringwirbelstruktur kommen, was jedoch im Vergleich zur stationär brennenden Vormisch-Drallflamme vor Erreichen der Hauptreaktionszone erfolgt und somit der flammenintegrale Reaktionsumsatz zeitlich-periodisch wird. Der prinzipielle Aufbau einer Ringwirbelstruktur ist in Abb. 4.2 skizziert.

Zur systematischen Untersuchungen von resonanzbedingten Phänomenen in Verbrennungssystemen war es notwendig, möglichst weite Frequenz- und Amplitudenbereiche abzudecken. Deshalb musste eine andere Möglichkeit als selbsterregte Schwingungspunkte gefunden werden, um resonanzfähige Systeme zu untersuchen, da selbsterregt-schwingende Betriebspunkte von einer Vielzahl geo-

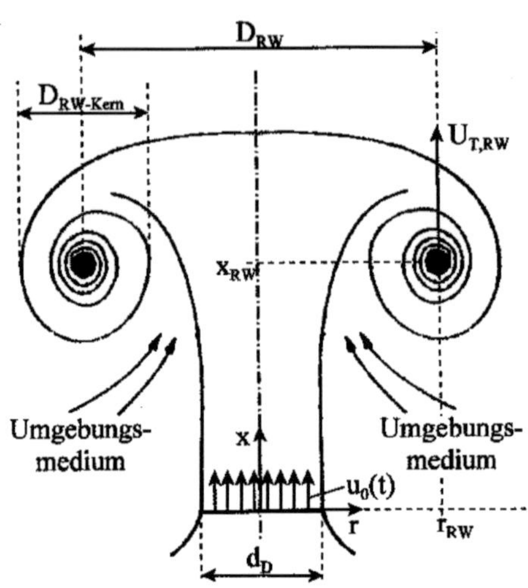

Abb. 4.2: Schematische Darstellung eines Ringwirbels [19]

metrischer und verfahrenstechnischer Parameter (Leistung, Luftzahl, Drallstärke, Brennstoff,...) abhängen und ausschließlich die Untersuchung diskreter Punkte und bestenfalls von eingeschränkten Bereichen erlauben würden. Die Möglichkeit besteht in einer Zwangsanregung der Strömung (isotherm, Flammen) mit einstellbarer Frequenz und Amplitude, da das Übertragungsverhalten von Flammen und Bauteilen unabhängig davon ist, ob die zugrundeliegende Störung selbsterregt ist oder zwangserregt vorgegeben wird. Deshalb wurde in weiteren Untersuchungen zur gezielten sinusförmigen Anregung der turbulenten Strömung am Brennerauslass eine Pulsationseinheit verwendet [17], [19], womit der Massenstrom stufenlos im Frequenzbereich $10\ \mathrm{Hz} < f_{Puls} < 350\ \mathrm{Hz}$ und in der Amplitude bis 70% des mittleren Massenstroms periodisch angeregt werden kann. Das Amplituden/Mittelwert-Verhältnis wird als dimensionsloser Pulsationsgrad Pu definiert:

$$Pu = \frac{\hat{m}_{Br,rms}}{\bar{m}_{Br}} = \frac{\hat{u}_{ax,rms}}{\bar{u}_{ax,vol}}.$$

(4.1)

Aus den Untersuchungen wurde eine weitere dimensionslose Kennzahl die Strouhalzahl Str abgeleitet, die das Auftreten von periodischen Ringwirbelstrukturen festlegt:

$$Str = \frac{f_{Puls} \cdot D_{\ddot{a}q}}{\bar{u}_{ax,vol}}. \tag{4.2}$$

Aus der Anregungsfrequenz f_{Puls}, der mittleren Geschwindigkeit am Brenneraustritt in axialer Richtung $\bar{u}_{ax,vol}$ und dem äquivalenten Durchmesser $D_{\ddot{a}q}$, der aus dem freien Strömungsquerschnitt des Brenners berechnet wird, wird die zugehörige Strouhalzahl bestimmt.

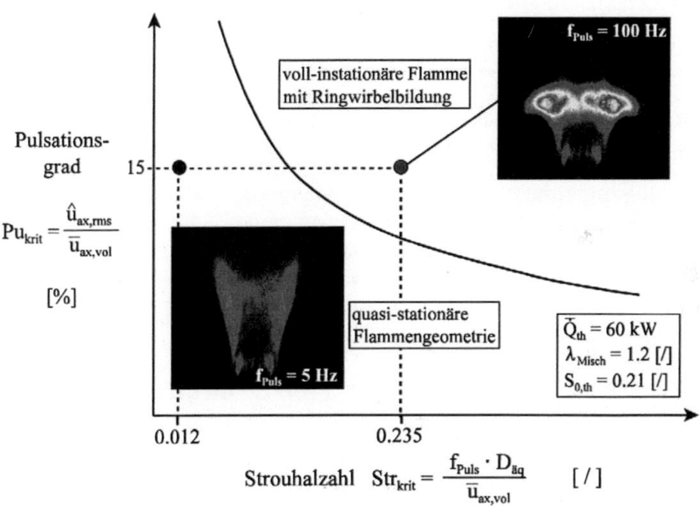

Abb. 4.3: Periodische Ringwirbelbildung in pulsierten turbulenten Strömungen [49]

In umfangreichen Untersuchungen wurde festgestellt, dass das Produkt aus Pulsationsgrad und der Strouhalzahl einen kritischen Wert übersteigen muss, ab dem sich Ringwirbel bilden. Zur Untersuchung des Einfluss von periodischen Ringwirbelstrukturen auf den Verbrennungsprozess wurden an turbulenten, vorgemischten Drallflammen phasenkorrelierte Messungen durchgeführt, wobei Betriebsparamter wie thermische Leistung, Luftzahl der Vormischung und der Drallstärke variiert wurden. Dabei ergab sich eine hyperbolische Abhängigkeit von kritischer Anregungsstärke (kritischer Pulsationsgrad Pu_{krit}) und kritischer Strouhalzahl Str_{krit} für die Bildung von Ringwirbeln in turbulenten Strömungen mit Verbrennung, die identisch zu Ergebnissen aus isothermen Stömungsuntersuchungen ist [49].

In Abb. 4.3 ist die Abhängigkeit von kritischem Pulsationsgrad und kritischer Strouhalzahl dargestellt und anhand der Ergebnisse aus laseroptischen, phasenkorrelierten Aufnahmen wird die Bildung von Ringwirbeln deutlich, bei gleichzeitiger massiver Änderung des Aussehens turbulenter Vormischflammen [49]. Somit ist der Wirkmechanismus identifiziert, durch den es möglich wird, in realen, dämpfungsbehafteten Verbrennungssystemen eine phasenkorrelierte Schwankung des Brennkammerdruckes durch eine periodische Schwankung der integralen Wärmefreisetzungsrate durch die Abreaktion großskaliger, kohärenter Strukturen hevorzurufen und dadurch die notwendige Energie zu deren Erhaltung bereitzustellen, wenn die im Ringwirbel eingeschlossene Gasmasse vor Erreichen der Hauptreaktionszone impulsartig abreagiert.

4.2.2 Stabilitätskriterien zur Entstehung und Aufrechterhaltung selbsterregter Verbrennungsinstabilitäten

Eine erste Beschreibung eines Stabilitätskriteriums, das eine Kopplung zwischen periodischer Wärmefreisetzung in der Flamme und der periodischen Schwankung des statischen Brennkammerdruckes als notwendige Rückkopplungsbedingung einschließt, wurde von RAYLEIGH [72], [73] postuliert. Nach dieser Formulierung muss Wärme im Moment größten (Brennkammer−) Druckes zugeführt bzw. im Moment niedrigsten (Brennkammer−) Druckes abgeführt werden, um eine stabile Druckschwingung in der Brennkammer zu erhalten. Durch [71] und [5] wurde das Stabilitätskriterium in folgender mathematischer Integralform dargestellt:

$$\int_0^{T_P} \dot{\tilde{Q}}_{th}(t) \cdot \tilde{p}_{Bk}(t)\, dt > 0. \tag{4.3}$$

Aus dem Stabilitätskriterium in der Form 4.3 wird ersichtlich, dass es keine zwingende Voraussetzung für die Aufrechterhaltung selbsterregter Schwingungen in Verbrennungssystemen ist, dass die periodisch-insationäre Wärmefreisetzung der Flamme $\dot{\tilde{Q}}_{th}(t)$ und die Druckschwingung in der Brennkammer $\tilde{p}_{Bk}(t)$ in Phase sind, sondern dass nur das Produkt der beiden Schwankungsgrößen bei Integration über eine Schwingungsperiodendauer T_P größer Null ist. Den Maximalwert erreicht das Integral für eine gleichphasige Schwingung von $\dot{\tilde{Q}}_{th}(t)$ und $\tilde{p}_{Bk}(t)$, was gleichbedeutend ist mit der höchsten Wahrscheinlichkeit für das Auftreten selbsterregter Verbrennungsinstabilitäten. Es ergibt sich durch weitere Auswertung des Integrals bei Vernachlässigung turbulenter Schwankungsanteile und unter der Annahme harmonischer Zeitfunktionen ein zulässiger Phasendifferenzwinkel der Flamme von

$$-90^o \leq \varphi_{p_{Bk}-\dot{Q}_{th}} \leq 90^o. \tag{4.4}$$

In der Literatur [20] wird gezeigt, dass der Phasendifferenzwinkel $\varphi_{p_{Bk}-\dot{Q}_{th}}$ der Flamme beim Auftreten selbsterregter Verbrennungsinstabilitäten in einer Brennkammer stets innerhalb des zulässigen Wertebereiches 4.4 liegt. Somit stellt das Phasenkriterium nach RAYLEIGH eine **notwendige** Bedingung für die selbstständige Erhaltung von Druck-/Flammenschwingungen in der Brennkammer dar, allerdings kann es zur Vorhersage instabiler Betriebsbereiche nicht angewendet werden.

Um die in realen, dämpfungsbehafteten Verbrennungssystemen auftretenden Reibungsverluste zu kompensieren, ist es zusätzlich notwendig, der oszillierenden Gassäule ausreichend Energie zuzuführen, um eine sich selbsterhaltende Schwingung durch Kompensation der starken Dämpfungsverluste zu erzeugen. Die Bedingung zur Erhaltung von Druckschwingungen ist nach NYQUIST [15] als regelungstechnisches Stabilitätskriterium formuliert:

$$|F_{Brenner}| \cdot |F_{Flamme}| \cdot |F_{Brennkammer}| \geq 1 \tag{4.5}$$

$$\varphi_{ges}(\omega) = 0^o \pm n \cdot 360^o = \sum \varphi_i = \varphi_{\dot{Q}_{th}-\dot{m}_{Br}}(\omega) + \varphi_{p_{Bk}-\dot{Q}_{th}}(\omega) + \varphi_{\dot{m}_{Br}-p_{Bk}}(\omega). \tag{4.6}$$

Das Nyquist-Kriterium nach 4.5 und 4.6 fordert zwei Bedingungen, die dazu führen, dass ursächliche Störungen erhalten bzw. verstärkt werden: Das Produkt der Betragsfrequenzgänge der Einzelkomponenten muss bei der Schwingungsfrequenz gleich oder größer Eins sein. Als zweite Bedingung muss noch eine Phasenbedingung erfüllt sein, damit die Energiezufuhr mit einer Phasendifferenz - zusammengesetzt aus den Phasenwinkeln der Einzelkomponenten - von 0° oder einem ganzzahligen Vielfachen von 360° erfolgt. Somit ist es für eine vollständige Stabilitätsanalyse des Gesamtsystems unter Anwendung des Nyquist-Kriteriums nötig, das Übertragungsverhalten aller Einzelkomponenten des Rückkopplungskreises quantitativ in Abhängigkeit anlagenspezifischer Größen (Volumina, Durchmesser, Längen, Materialeigenschaften, vor- und nachgeschaltete resonanzfähige Bauteile) und der verbrennungstechnischen Betriebsparameter (thermische Leistung, Luftzahl der Vormischung, Vorwärmtemperatur, Brennstoff, Brennkammerdruck) zu kennen.

4.2.3 Die Bedeutung flammeninterner Verzugszeiten zur Charakterisierung des dynamischen Verhaltens vorgemischter Drallflammen

Für die quantitative Analyse eines Verbrennungssystem in einem festen Betriebspunkt unter Anwendung des Nyquist-Kriteriums (Gln. 4.5 und 4.6) ist neben den durch die Anlagengeometrie vorgegebenen Größen die Kenntnis des durch die Flamme verursachten frequenzabhängigen Phasenverzug $\varphi_{Fl}(t)$ erforderlich, der sich nach 4.7 durch die flammeninterne Gesamtverzugszeit $\bar{t}_{V,Fl}$ ergibt. Er tritt im Falle der Vormisch-Verbrennung zwischen den zeitperiodischen Schwankungen des aus dem Brenner austretenden Brennstoff/Luft-Gemisches $\dot{m}_{Br}(t)$ als Anregung und der daraus gleichfrequenten, jedoch phasenverschobenen zeitlichen Änderung der Wärmefreisetzungsrate in der Hauptreaktionszone der Flamme $\dot{Q}_{th}(t)$ und damit des anfallenden Rauchgasmassenstromes $\dot{m}_{Rg}(t)$ als Antwort auf [20].

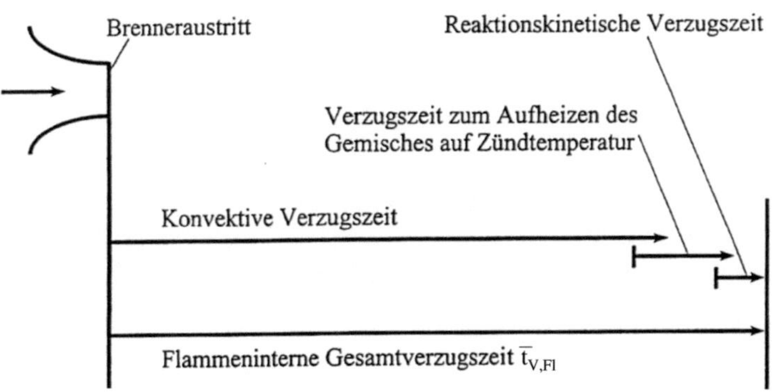

Abb. 4.4: Charakteristische Verzugszeiten bei Vormischflammen [20]

Das besondere am Phasenverzug der Flamme $\varphi_{Fl}(t)$ ist, dass er durch die Wahl der verbrennungstechnischen Betriebsparameter wie thermische Leistung, Luftzahl, Vorwärmtemperatur, Art des Brennstoffs und Betriebsdruck hinsichtlich der betragsmäßigen Verläufe beeinflusst werden kann, was sich vor allem durch stark last- und luftzahlabhängige charakteristische Verzugszeiten zeigt [19], [44]. Bei vorgemischter Verbrennungsführung setzt sich die flammeninterne Gesamtverzugszeit $\bar{t}_{V,Fl}$ - wie in Abb. 4.4 dargestellt - aus einem Anteil für den konvektiven Transport der Gemischelemente vom Brennerauslass bis zur Hauptreaktionszone der turbulenten Flamme, einem Anteil für die Aufheizung des Gemisches auf Zündtemperatur durch turbulente Austauschvorgänge und einer charakteristischen reaktionskinetischen Verzugszeit zusammen. Durch zeitliche Überlappung der einzelnen Zeitmaße ist die flammeninterne Verzugszeit $\bar{t}_{V,Fl}$ geringer als die Summation der Einzelbeträge, das bestimmende Zeitmaß im Falle voll-vorgemischter Verbrennung ist jedoch das konvektive.

Bei Kenntnis der frequenzabhängigen, mittleren Verzugszeit von zwangsangeregten Vormischflammen $\bar{t}_{V,Fl}(f_{Puls})$ kann unter Verwendung des folgenden Zusammenhangs der Phasenfrequenzgang berechnet werden:

$$\varphi_{Fl}\left(f_{Puls}\right) = -t_{V,Fl}\left(f_{Puls}\right)\cdot f_{Puls}\cdot 360^{o}. \tag{4.7}$$

Bei [60] werden zwei Methoden aufgezeigt, wie flammeninterne Verzugszeiten in Abhängigkeit der relevanten Betriebsparamter bestimmt werden können, um Skalierungsgesetze für die flammeninterne Gesamtverzugszeit $\bar{t}_{V,Fl}$ ableiten zu können. Hierbei zeigte sich, dass das aus der Regelungstechnik bekannte Modell des idealen Totzeitgliedes eine sehr gute Möglichkeit darstellt, die flammeninterne Verzugszeit durch eine Skalierung des Phasendifferenzwinkels mittels des Modells des idealen Totzeitgliedes vorherzusagen.

4.2.4 Das universelle Modell zur quantitativen Vorhersage der Phasenfunktion bei Vormischflammen

Voraussetzung zur quantitativen Vorhersage der Stabilitätsgrenzen industrieller Verbrennungssysteme durch Anwendung des Nyquist-Kriterium ist die genaue Kenntnis des vollständigen Verlaufs der Phasenfrequenzgänge sämtlicher Komponenten des Rückkopplungskreises und insbesondere der Flamme $\varphi_{Fl}\left(f_{Puls}\right)$ in Abhängigkeit sämtlicher Betriebsparameter ($\bar{\dot{Q}}_{th}$, λ_{Misch}, T_{Misch}, $\bar{p}_{Bk}$, Brennstoff,...). Deshalb wurde vorgeschlagen unter Verwendung der Gleichung 4.7 den Phasendifferenzwinkel der Flamme $\varphi_{Fl}\left(f_{Puls}\right)$ nach dem Modell des idealen Totzeitgliedes zu berechnen, wobei folgende Abhängigkeiten berücksichtigt werden müssen:

$$\varphi_{Fl}\left(f_{Puls}\right) = -T_{tot} \cdot f_{Puls} \cdot 360^{o} = f\left(\bar{\dot{Q}}_{th}, \lambda_{Misch}, T_{Misch}, \bar{p}_{Bk}, Brennstoff\right). \tag{4.8}$$

Die Vorhersage der Verzugszeit der Flamme $\bar{t}_{V,Fl}$ in Abhängigkeit der relevanten
Betriebsparameter wurde bereits von [19] vorgeschlagen und von [60] erweitert.
Es konnte durch experimentelle Untersuchungen nachgewiesen werden, dass die
flammeninterne Verzugszeit folgendermaßen skaliert werden kann:

$$\bar{t}_{V,Fl} = \frac{1}{\Lambda_{turb}\left(\bar{\dot{Q}}_{th}, \lambda_{Misch}, T_{Misch}, \bar{p}_{Bk}, Brennstoff\right)}. \tag{4.9}$$

Mit dem entwickelten Verzugszeit-Modell ist es möglich, die flammeninterne Verzugszeit und mit dem Modell des idealen Totzeitgliedes den vollständigen Phasenfrequenzgang $\varphi_{Fl}\left(f_{Puls}\right)$ der Flamme mit der Änderung der turbulenten Brenngeschwindigkeit Λ_{turb} in Abhängigkeit der relevanten Betriebsparamter zu skalieren. Ausgehend von einem einzigen vollständig dokumentierten instabilen Betriebspunkt können damit alle vom Nyquist-Kriterium geforderten notwendigen Pha-
senabstimmungen der Flamme zur Unterhaltung der periodischen Druck-/Flam-
menschwingungen bei Änderung der Betriebsbedingungen der Flamme quantitativ
vorhergesagt werden [59].

Es wurde die turbulente Brenngeschwindigkeit Λ_{turb} anhand umfangreicher Untersuchungen als Funktion der genannten Betriebsparameter der stationären, turbulenten Vormischflamme dargestellt, um die für technische Verbrennungssysteme notwendigen Skalierunggesetze zu erhalten [60]. Beispielhaft werden an dieser Stelle
nur die Skalierungsgesetze für die mittlere thermische Leistung $\bar{\dot{Q}}_{th}$ und die Luftzahl λ_{Misch} der Vormischung aufgeführt. Mit dem aus der Definition der mittleren
thermischen Leistung abgeleiteten Zusammenhang $\bar{\dot{Q}}_{th} \propto Re_D$ wurde ein Skalierungsgesetz für die flammeninterne Verzugszeit $\bar{t}_{V,Fl}\left(\bar{\dot{Q}}_{th}\right)$ für Strahlflammen in
Abhängigkeit von $\bar{\dot{Q}}_{th}$ in folgender Form angegeben:

$$\frac{\bar{t}_{V,Fl}\left(\bar{\dot{Q}}_{th}\right)}{\bar{t}_{V,Fl,0}\left(\bar{\dot{Q}}_{th,0}\right)} \propto \left(\frac{Re_{D,0}}{Re_D}\right)^n \propto \left(\frac{\bar{\dot{Q}}_{th,0}}{\bar{\dot{Q}}_{th}}\right)^n , \quad n = 0.51 - 0.53. \tag{4.10}$$

Für die flammeninterne Verzugszeit $\bar{t}_{V,Fl}\left(\lambda_{Misch}\right)$ in Abhängigkeit der Luftzahl der Vormischung λ_{Misch} wurde folgendes Skalierungsgesetz abgeleitet:

$$\frac{\bar{t}_{V,Fl}\left(\lambda_{Misch}\right)}{\bar{t}_{V,Fl,0}\left(\lambda_{Misch,0}\right)} \propto \left(\frac{\lambda_{Misch}}{\lambda_{Misch,0}}\right)^{\frac{10}{3}}. \tag{4.11}$$

Mittels der Skalierung der flammeninternen Verzugszeit in Abhängigkeit aller relevanten Betriebsparamter ist es nun möglich den Phasenverzug der Flamme $\varphi_{V,Fl}$ ebenfalls zu skalieren, um so verlässliche Aussagen über die Neigung zur Ausbildung instationärer Betriebszustände machen zu können.

5 Modellierung von Helmholtz-Resonatoren

Um das Stabilitätsverhalten technischer Verbrennungssysteme hinsichtlich Ausbildung selbsterregter Druck-/Flammenschwingungen quantitativ vorhersagen zu können, ist es notwendig, neben der Modellierung der Brennkammer mit der Energiequelle Flamme bei komplexen technischen Anlagen die resonanzfähig angekoppelten vor- und nachgeschalteten Anlagenbauteilen in die Stabilitätsanalyse des Gesamtsystems miteinzubeziehen. Dadurch ist es einerseits möglich, die im Brennerbereich zur Sicherstellung einer gleichmäßigen Brenneranströmung und bei Vormisch-Betrieb zur Gewährleistung der homogenen Gemischbildung notwendigen großen Volumina und andererseits auch die stromab der Brennkammer angeordneten Abgassysteme mit Schalldämpfern und Rohrleitungen miteinzubeziehen, da diese Bauteile mit ihren individuellen Resonanzbereichen den Resonanzbereich des Gesamtsystems bilden. Das Ziel der Modellbildung ist es, ein Werkzeug zur Verfügung zu stellen, um mit geringem rechnerischen Aufwand das Resonanzverhalten eines komplexen, technischen Verbrennungssystems vorhersagen zu können, um somit sowohl die gegenseitige Beeinflussung der Einzelkomponenten möglichst genau wiedergeben zu können, als auch mögliche Parameter und Maßnahmen zur Minimierung oder Verhinderung von unerwünschten Verbrennungsinstabilitäten abschätzen zu können.

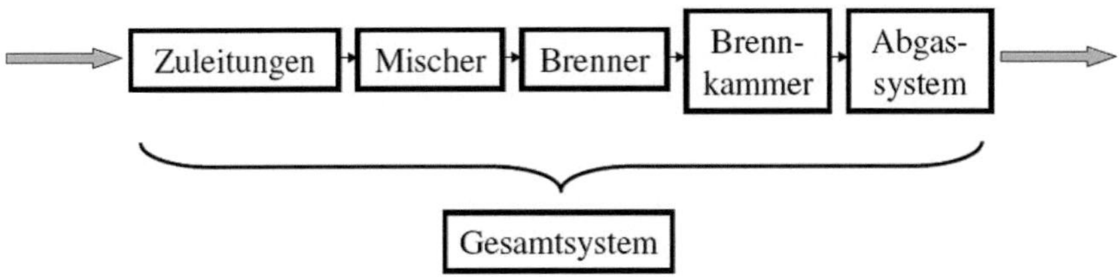

Abb. 5.1: Schema eines Verbrennungssystem mit seinen Einzelkomponenten

In den folgenden Kapiteln wird zunächst die Herleitung eines Einfach-Helmholtz-Resonators vorgestellt [19], [20], [4], wobei in dieser Arbeit der Einfluss des mittleren Betriebsdruckes sowie von Werkstoffeigenschaften (Rauigkeiten von Oberflächen) im Mittelpunkt steht. Anschließend wird das Modell auf zwei gekoppelte Resonatoren vom Helmholtz-Resonator-Typ erweitert, wobei hier die Frage der geometrischen Anordnung des gekoppelten Systems und die Frage der gegenseitigen Beeinflussung unterschiedlicher Resonanzfrequenzen der Einzelkomponenten im Mittelpunkt steht.

5.1 Das Modell des einfachen Helmholtz-Resonators

Wie bereits in Kapitel 4.2 beschrieben, beeinflusst die Brennkammer mit ihrer Übertragungscharakteristik und als resonanzfähiges System den geschlossenen Gesamtrückkopplungskreis maßgeblich. Als Resonanz bezeichnet man die Fähigkeit eines Systems Energie in einer bestimmten Form, wie beispielsweise potentieller Energie oder Druck, zu speichern und diese Energie zu einem bestimmten Zeitpunkt in einer anderen Energieform (beispielsweise kinetischer Energie) so abzugeben, dass die Amplitude des Antwortsignals deutlich höher als die Amplitude eines definierten Anregungssignals ist. Im Anregungsspektrum ergibt sich somit bei gedämpften Systemen ein bestimmter Frequenzbereich, in dem Resonanz auftritt, was beispielhaft in Abb. 5.2 für einen gedämpften Helmholtz-Resonator dargestellt ist. Als Resonanzfrequenz bezeichnet man diejenige Frequenz f_{res}, bei der die Amplitude der Systemantwort zur Anregung ihr Maximum aufweist. Bei einem reibungsfreien, ungedämpften System strebt im Resonanzfall die Amplitudenüberhöhung gegen unendlich.

Als Helmholtz-Resonator bezeichnet man allgemein ein akustisches Schwingungssystem, dessen Resonanzfrequenz niedrig bzw. die Wellenlänge $\lambda \propto f^{-1}$ groß gegenüber den geometrischen Abmessungen ist. Ist die Wellenlänge der Schwingung mit der Geometrie des Resonators in Übereinstimmung zu bringen, bilden sich stehende Wellen aus (z. B. in Orgelpfeifen). Im Gegensatz zu stehenden Wellen, die sich durch Schwingungsbäuche und -knoten auszeichnen, ist in Helmholtz-Resonatoren die Druckverteilung vom Ort innerhalb des abgeschlossenen Resonatorvolumens unabhängig, d.h. $p = p(t) \neq p(x,y,z)$.

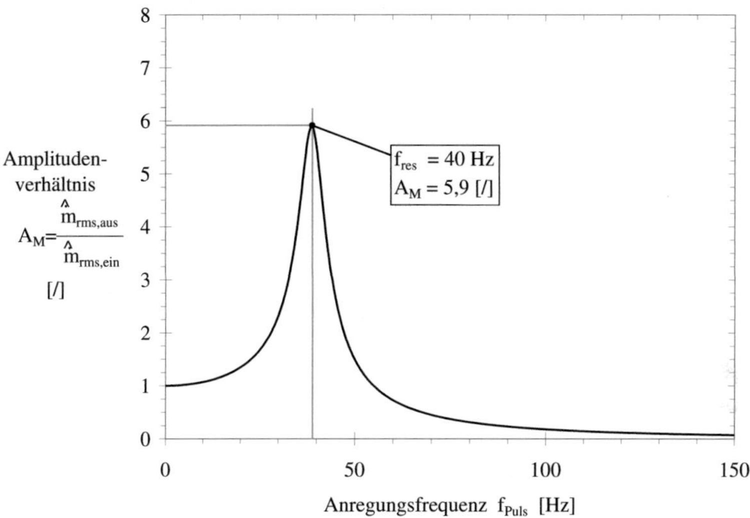

Abb. 5.2: Amplitudenverhältnis eines Resonators vom Helmholtz-Resonator-Typ

Zur Beschreibung von Brennkammern wird deshalb das Modell eines Masse-Feder-Dämpfer-Schwingers verwendet, wie bereits in der Literatur von BÜCHNER [19] und ARNOLD [4] vorgeschlagen. Das Modell des Helmholtz-Resonators und welche Voraussetzungen als Randbedingungen des Modells eingehalten werden müssen, werden in Kap. 5.1 erläutert, wo auch die weitere Vorgehensweise zur mathematischen Beschreibung resonanzfähiger Brennkammern ausführlich beschrieben wird.

In Abbildung 5.3 ist beispielhaft dargestellt, wie ein realer, schwingungsfähiger Helmholtz-Resonator aufgebaut sein kann. Hier ist die Brennkammer mit der Flamme grün umrandet und das heiße Rauchgas strömt von der Brennkammer durch das Abgasrohr aus dem System aus.

Im Rahmen der vorliegenden Arbeit wurde zunächst das Übertragungs- und Resonanzverhalten von Einzelbauteilen wie Brennkammer oder Luftverteiler in der

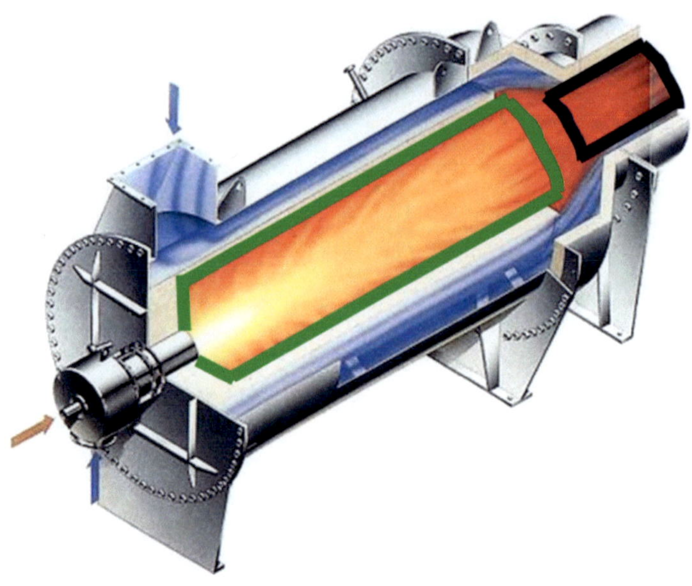

Abb. 5.3: Beispiel eines Einfach-Helmholtz-Resonators: Heißgaserzeuger mit einem Leistungsbereich von 0.1-20 MW (Fa. Hoval)

Zuströmung untersucht. Wie im Kap. 4 bereits erwähnt, beeinflussen die Einzelkomponenten mit ihrer individuellen Übertragungscharakteristik das resonanzfähige Verbrennungssystem und beeinflussen die Stabilität des geschlossenen Rückkopplungskreises (Kap. 4.2).

Das analytische Modell zur Beschreibung des frequenzabhängigen Schwingungsverhaltens eines realen, dämpfungsbehafteten Helmholtz-Resonators wurde in Analogie zum Schwingungsverhalten eines mechanischen Feder- Masse- Dämpfer-
Schwingers unter folgenden Voraussetzungen hergeleitet [19]:

- linearisierbare, isentrope Zustandsänderung des Gases in der Brennkammer

- die Schwingungsdämpfung ist ausschließlich auf den Resonatorhals (Abgasrohr) beschränkt

- Durchströmung des Resonators mit mäßigen Geschwindigkeiten

- Turbulenzeigenschaften der Strömung in der Brennkammer und im Resonatorhals sind für das Schwingungsverhalten vernachlässigbar

- Schwankungen des statischen Druckes in der Brennkammer gleichphasig und Ortsunabhängigkeit der Druckamplitude $p_{Bk}(t)$

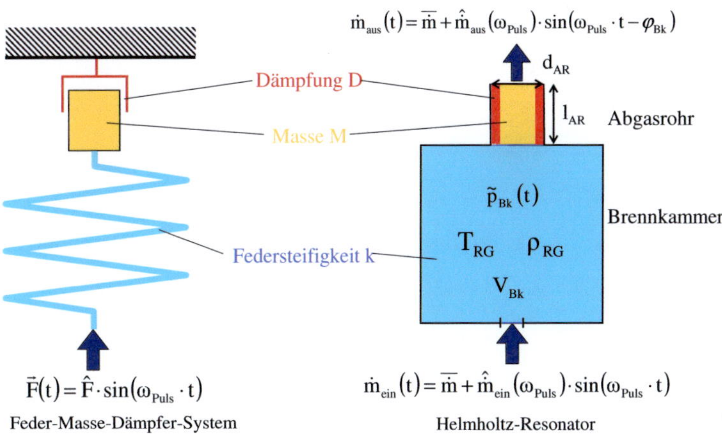

Abb. 5.4: Analogie des Feder-Masse-Dämpfer-Schwingers und des einfachen Helmholtz-Resonators [20]

Bei dieser Modellvorstellung wirkt die in der Brennkammer (vgl. Abb. 5.4) eingeschlossene Gasmasse als Feder und die im Abgasrohr eingeschlossene Gasmasse bildet die schwingfähige Masse. Die Dämpfung setzt sich aus mehreren Anteilen zusammen, wobei der Hauptanteil durch die Reibung in der oszillierenden Wandgrenzschicht verursacht wird, weitere Anteile sind Energieverluste aufgrund von Wirbelbildung am Einlauf des Resonatorhalses oder durch Ablösen der Grenzschicht in Wandnähe, die Energiedissipation durch die Kompression der Gasmasse in der Brennkammer oder Verluste durch Emission von Schallenergie [45].

Unter der Voraussetzung isentroper Zustandsänderungen des Gases innerhalb des resonanzfähigen Systems, bestehend aus Brennkammer und Abgasrohr, ergibt sich bei Betrachtung einer Massebilanz um das Abgasrohr eine gewöhnliche, inhomogene Differentialgleichung zweiter Ordnung, die in Normalform folgendermaßen lautet [4], [20], [96]:

$$\frac{d^2 u(t)}{dt^2} + 2\,D\,\omega_0\,\frac{du(t)}{dt} + \omega_0^2\,u(t) = \frac{\omega_0^2}{\rho_{AR}A_{AR}}\,\dot{m}_{Puls}(t), \tag{5.1}$$

wobei der anregende, sinusförmig pulsierte Massenstrom folgendermaßen vorliegt:

$$\dot{m}_{Puls}(t) = \bar{\dot{m}}_{ein} + \hat{\dot{m}}_{ein} \cdot sin(\omega t) \tag{5.2}$$

und das dimensionslose Dämpfungsmaß wie folgt mit R als Reibungskoeffizient definiert ist:

$$D = \frac{R}{2 \cdot \omega_0 \cdot M_{AR}} \tag{5.3}$$

mit der Eigenkreisfrequenz des Schwingers ω_0, die sich aus der Schallgeschwindigkeit c_0 des Gases und geometrischen Abmessungen berechnen lässt:

$$\omega_0 = 2\pi f_0 = c_0 \cdot \sqrt{\frac{A_{AR}}{V_{Bk} \cdot l_{AR}}} \tag{5.4}$$

Somit ergibt sich als Lösung der Differentialgleichung nach dem Einschwingen mit der Kreisfrequenz ω_0:

$$\dot{m}_{aus}(t) = \bar{\dot{m}}_{aus} + \hat{\dot{m}}_{aus} \cdot sin\left(\omega t - \varphi_{\dot{m}_{ein}-\dot{m}_{aus}}(\omega)\right). \tag{5.5}$$

Somit lässt sich der einfache Helmholtz-Resonator in Betrag und Phase für unterschiedliche Anregungsfrequenzen beschreiben und das Amplitudenverhältnis lässt sich in dimensionsloser Form darstellen, indem die Amplitude der Antwort mit der Amplitude der Anregung entdimensioniert wird.

$$A(\omega) = \frac{\hat{\dot{m}}_{aus}}{\hat{\dot{m}}_{ein}} = \frac{1}{\sqrt{(1-\eta^2)^2 + 4 \cdot D^2 \cdot \eta^2}} \tag{5.6}$$

mit der dimensionslosen Kreisfrequenz

$$\eta = \omega / \omega_0. \tag{5.7}$$

Der Phasenwinkel zwischen dem eintretenden und austretenden Massenstrom ist gegeben durch

$$\varphi_{\dot{m}_{ein}-\dot{m}_{aus}} = arctan\left(\frac{2 \cdot D \cdot \eta}{1-\eta^2}\right) = \frac{\Delta\tau}{\tau_P} \cdot n \cdot 360^o. \tag{5.8}$$

Im folgenden Kapitel werden nun Amplitudenverläufe und Phasenwinkel in Abhängigkeit der Anregungsfrequenz aufgetragen, wobei die Lösung der Differentialgleichung aus 5.1 in dimensionsloser Form (Gln. 5.6 und 5.8) dargestellt wird.

5.1.1 Modellierung des frequenzabhängigen Resonanzverhaltens einer Brennkammer vom Typ des einfachen Helmholtz-Resonators

In den Abbildungen 5.5 und 5.6 sind das Amplitudenverhältnis und der Phasenfrequenzgang einer Modellbrennkammer vom Helmholtz-Resonator-Typ dargestellt, die nach Gl. 5.6 bzw. Gl. 5.8 berechnet wurden.

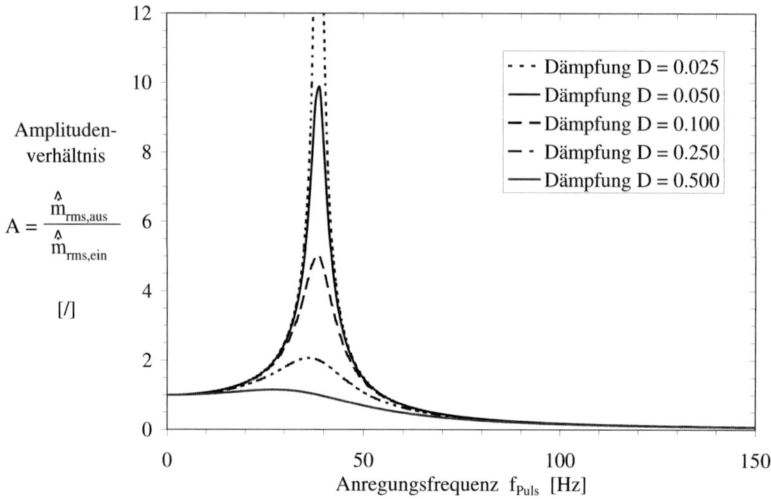

Abb. 5.5: Amplitudenverhältnis eines einfachen Helmholtz-Resonators in Abhängigkeit der Dämpfung

Die Brennkammer wird im weiteren Verlauf experimentell untersucht (Kap. 7.1), um das hier vorgestellte physikalische Modell zu validieren. Die geometrischen Größen der Modellbrennkammer sind der Brennkammerdurchmesser D_{Bk}= 0.3 m, die Brennkammerlänge L_{Bk}= 0.5 m, die Länge des Abgasrohres (Resonatorhals) l_{AR}= 0.225 m und der Abgasrohrdurchmesser d_{AR}= 0.08 m.

Als Grenzfall des oben dargestellten Resonanzverhaltens des einfachen Helmholtz-Resonators ist der ungedämpfte Fall zu nennen. In diesem Fall liegt keine Dämpfung vor (D → 0) und die Resonanzüberhöhung für die Eigenkreisfrequenz ω_0 (= $2 \cdot \pi \cdot f_0$) strebt gegen unendlich. Der Phasenwinkel weist im ungedämpften Fall einen Phasensprung von 0° auf -180° auf. Mit zunehmender Dämpfung nimmt die Resonanzüberhöhung ab und der Bereich der Resonanzüberhöhung verbreitert sich zunehmend (Kap. 5.5). Der Phasenwinkel hat einen Wertebereich von 0° bis -180° und weist an der Resonanzfrequenz einen Wert von -90° auf. Mit zu-

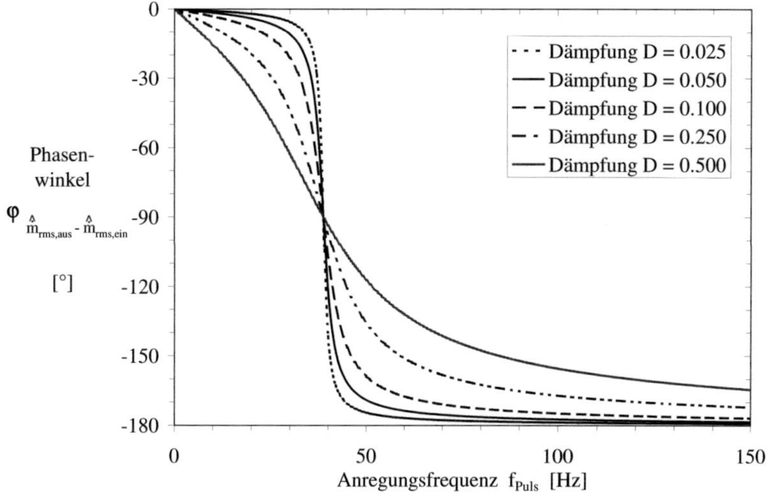

Abb. 5.6: Phasenfrequenzgang eines einfachen Helmholtz-Resonators in Abhängigkeit der Dämpfung

nehmender Dämpfung erhöht sich die Tangentensteigung an diesem Wendepunkt $\left(\frac{d\varphi}{d\omega} < 0\right)$. Mit den vorgegebenen Werten des Dämpfungsparameters D ergibt sich das in den Abbildungen 5.5 und 5.6 dargestellte charakteristische Übertragungsverhalten eines einfachen, gedämpften Feder-Masse-Dämpfer-Schwingers. Mit zunehmender Dämpfung nimmt die resonanzbedingte Überhöhung des Verhältnisses der Amplituden des ein- und austretenden Massenstroms bei gleichzeitiger Verbreiterung des Resonanzgebietes ab. Gleichzeitig ist zu beobachten, dass die tatsächliche Resonanzfrequenz f_{Res} mit zunehmender Dämpfung immer stärker von der Eigenfrequenz f_0, die nach Gl. 5.4 bestimmt wird, des ungedämpften Schwingers zu kleineren Werten hin abweicht.

5.1.2 Modellierung der Schwingungsdämpfung durch den Dämpfungsparameter D

Bei der Modellierung des frequenzabhängigen Resonanzverhaltens des einfachen Helmholtz - Resonators wird die Stärke der Schwingungsdämpfung durch den dimensionslosen Dämpfungsparamter D quantifiziert. In diese integrale Größe gehen neben den Stoffeigenschaften des in der oszillierenden Wandgrenzschicht des Resonatorhalses befindlichen Fluids auch Größen der instationären, turbulenten Grenzschichtströmung ein. In der Arbeit von BÜCHNER [20] wurde die Abhängigkeit der Schwingungsdämpfung ausführlich hergeleitet und die Bedingungen für die gewählte Modellierung erläutert, weshalb an dieser Stelle direkt die dort abgeleitete Proportionalität des Dämpfungsparameters D verwendet wird, die für die Ableitungen der hier untersuchten Abhängigkeiten von der Temperatur und des mittleren Betriebsdruckes verwendet wurden.

$$\bar{D}(\omega) \propto \frac{l_{AR}}{D_{AR}} \cdot \frac{\sqrt{\nu_{Fluid}}}{c_0} \cdot \sqrt{\omega} \cdot \left(\frac{V_{Bk}}{A_{AR} \cdot l_{AR}} \right)^{1/2}. \tag{5.9}$$

Mit Gl. 5.9 ist es möglich, die Abhängigkeit des Dämpfungsparameters D von Betriebsgrößen wie dem mittleren Brennkammerdruck $\bar{p}_{Bk}$ zu skalieren, um somit später bei Kenntnis eines Betriebspunktes, den Einfluss bei der Änderung von Beriebsparametern berechnen und somit die Resonanzkurve in Abhängigkeit des vom mittleren Brennkammerdruck abhängigen Dämpfungsparameters $D(\bar{p}_{Bk})$ vorhersagen zu können. Die Skalierungsgesetze werden in den jeweiligen Ergebniskapiteln für den Einfluss der Temperatur in der Wandgrenzschicht des Abgasrohres (Kap. 7.1.3) und des mittleren Betriebsdruckes im Resonator $\bar{p}_{Bk}$ hergeleitet und die Gültigkeit mittels geeigneter Experimente nachgewiesen. Aus der Literatur [20] sind bereits die gesamten Abhängigkeiten des Dämpfungsmaßes D von den geometrischen Abmessungen des Resonators bekannt und für isotherme Strömungsbedingungen im Resonanzfall mit $\omega = \omega_{Res} = \omega_0 \cdot \left(1 - 2D^2 \right)$ gilt unter Anwendung von Gl. 5.9:

$$\frac{D\left(\omega_{Res}\right)}{D_0\left(\omega_{Res,0}\right)} = \left(\frac{l_{AR}}{l_{AR,0}}\right)^{1/4} \cdot \left(\frac{D_{AR,0}}{D_{AR}}\right)^{3/2} \cdot \left(\frac{V_{Bk}}{V_{Bk,0}}\right)^{1/4} \cdot \left(\frac{1-2D^2}{1-2D_0^2}\right)^{1/4} . \tag{5.10}$$

5.2 Modell zur Beschreibung gekoppelter Helmholtz-Resonatoren

In realen Verbrennungssystemen liegen häufig nicht ausschließliche Einfachsysteme wie in Kapitel 5.1 beschrieben vor, sondern häufig sind der Brennkammer ebenfalls resonanzfähige Anlagenbauteile wie Brennergehäuse oder Abgaszüge - wie in Abb. 5.7 schematisch dargestellt - druckweich vor- und nachgeschaltet.

Diese zusätzlichen Bauteile mit ihrem individuellen Übertragungsverhalten können das Resonanzverhalten des Gesamtsystems beeinflussen. In dieser Arbeit standen unter anderem Fragen im Vordergrund, inwieweit die geometrische Anordnung sowie der Einfluss der Durchströmung mit isothermen Strömungen, aber auch heißen Rauchgasen aus Verbrennungsvorgängen in der Modellvorstellung berücksichtigt werden können und müssen. Damit soll es möglich werden, eine quantitative Vorhersage des Stabilitätsverhaltens eines technischen Verbrennungssystems hinsichtlich des Auftretens selbsterregter Druck-/ Flammenschwingungen, welche durch eine zeitlich periodische Änderung der flammenintegralen Wärmefreisetzungsrate wie auch des statischen Druckes in der Brennkammer und der daran angeschlossenen Frischgas- und/oder Abgasführungen gekennzeichnet sind (Kap. 4.2, [20], [49]), durchführen zu können. Neben der Kenntnis des instationären Mischungs- und Reaktionsverhaltens des verwendeten Flammentypes ist auch eine quantitative Beschreibung des Schwingungsverhaltens der resonanzfähigen Gassäule in der Brennkammer sowie in den angrenzenden, durchströmten Bauteilen des Verbrennungssystems erforderlich. Zum quantitativen Beschreiben des Verbrennungssystems ist es notwendig, sämtliche Eigenschaften abzubilden, wie beispielsweise die Schwingungsdämpfung, die ein unbegrenztes Anwachsen der Amplitude im Resonanzfall verhindert, oder der frequenzabhängige Verlauf

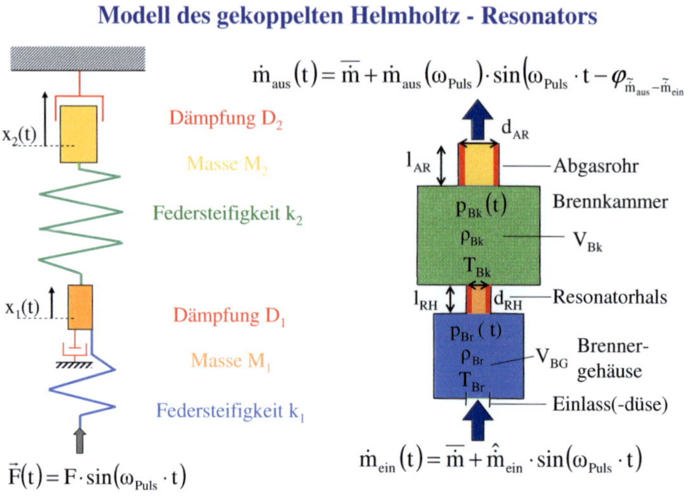

Modell des gekoppelten Helmholtz - Resonators

Abb. 5.7: Analogie zweier gekoppelter Feder-Masse-Dämpfer-Schwinger und der gekoppelten Helmholtz-Resonatoren

des Phasendifferenzwinkels zwischen Anregung und Antwort des Gesamtsystems, der von der Stärke der Schwingungsdämpfung ebenfalls maßgeblich beeinflusst wird.

In diesem Kapitel wird ein Modell zur Beschreibung von gekoppelten Systemen, die aus zwei einfachen Helmholtz-Resonatoren bestehen, die über einen Resonatorhals, der eine schwingfähige Gassäule einschließt, miteinander verbunden sind, dargestellt. Die Anwendbarkeit auf technische Verbrennungssysteme mit geeigneten Experimenten erfolgt in Kap. 7.

Das Modell zur Beschreibung des in Abb. 5.7 dargestellten Systems wird im Folgenden hergeleitet, wobei als Voraussetzungen dieselben wie beim Modell des einfachen Helmholtz-Resonators gelten (Kapitel 5.1). Die Herleitung der nachfolgenden Gleichungen wurde bereits von ARNOLD [4] vorgeschlagen und in der vorliegenden Arbeit erweitert sowie experimentell die Gültigkeit und Übertragbarkeit auf ein Verbrennungssystem im Technikumsmaßstab untersucht (siehe Kap. 7.2 und 7.3). Das mechanische Ersatzsystem ist in Abbildung 5.7 dargestellt. Die wichtigsten Komponenten sind der Einlass, der aus einer Einlassdüse mit einem Durchmesser von $D_{Düse}$= 0.02 m besteht und bezeichnet die Stelle, an der der Massenstrom $\dot{m}_{ein}$(t) in das System einströmt. Der Massenstrom strömt nun in das Brennervolumen $V_{Brenner}$, was im weiteren mit V_{Br} bezeichnet wird, ein und verlässt dieses Volumen durch den Resonatorhals (d_{RH}, l_{RH}), der die Gasmasse M_{RH} einschließt. Aus dem Resonatorhals strömt der Massenstrom anschließend in die Brennkammer ein und verlässt diese durch das Abgasrohr (d_{AR}, l_{AR}) - dieses umschließt die Gasmasse M_{AR} - und strömt schließlich aus dem Abgasrohr in die Umgebung $\dot{m}_{aus}$(t).

Eine Massenbilanz des gesamten schwingungsfähigen Systems lautet:

$$\frac{dM_{ges}}{dt} = \dot{m}_{ein} - \dot{m}_{aus} = \dot{m}_{ein} - \dot{m}_{AR,aus} = \frac{d(M_{Br} + M_{RH} + M_{Bk} + M_{AR})}{dt}. \quad (5.11)$$

Die Massenbilanz für einzelne Helmholtz-Resonatoren lautet für das Teilsystem Brennervolumen mit Resonatorhals:

$$\frac{d(M_{Br} + M_{RH})}{dt} = \dot{m}_{ein} - \dot{m}_{RH,aus} = \frac{dM_{Br}}{dt} + \frac{dM_{RH}}{dt}. \quad (5.12)$$

Unter der Annahme, dass $\frac{dM_{RH}}{dt} \ll \frac{dM_{Br}}{dt}$ folgt aus Gl. 5.12 $\frac{dM_{Br}}{dt} = \dot{m}_{ein} - \dot{m}_{RH,aus}$.

Löst man die Gleichung 5.12 weiter auf, erhält man für das Untersystem Resonatorhals

$$\frac{dM_{RH}}{dt} = \dot{m}_{RH,ein} - \dot{m}_{RH,aus} \quad (5.13)$$

sowie das Untersystem Brenner

$$\frac{dM_{Br}}{dt} = \dot{m}_{ein} - \dot{m}_{RH,ein}. \quad (5.14)$$

Der zweite Helmholtz-Resonator lässt sich gleichermaßen als Teilsystem Brennkammer mit Abgasrohr bilanzieren:

$$\frac{d(M_{Bk} + M_{AR})}{dt} = \dot{m}_{RH,aus} - \dot{m}_{AR,aus} = \frac{dM_{Bk}}{dt} + \frac{dM_{AR}}{dt}. \tag{5.15}$$

Unter der gleichen Annahme wie beim ersten Resonator ist die Masseänderung im Abgasrohr vernachlässigbar $\left(\frac{dM_{AR}}{dt} \ll \frac{dM_{Bk}}{dt} \right)$, weshalb Gl. 5.15 sich unter Einbeziehung des Untersystems Brennkammer (gleiches Vorgehen wie bei Gl. 5.14) folgendermaßen vereinfacht:

$$\frac{dM_{Bk}}{dt} = \dot{m}_{RH,aus} - \dot{m}_{AR,aus}. \tag{5.16}$$

Wie bereits bei den Herleitungen des Modells des einfachen Helmholtz-Resonators angenommen, ergeben sich die Zustandsgleichungen der Gassäulen im Brennervolumen (Index i: Br) und der Brennkammer (Index i: Bk) mit den zugehörigen Werten um die Ruhelage der Schwingung und nach der Zeit abgeleitet zu:

$$\frac{d\rho_i}{dt} = \frac{\rho_{0,i}}{\kappa \cdot p_{0,i}} \cdot \frac{dp_i}{dt}. \tag{5.17}$$

Aus den Massebilanzen 5.14 und 5.16 erhält man mit der Zustandsgleichung 5.17:

$$\frac{dp_{Br}}{dt} = \frac{\kappa \cdot p_{0,Br}}{\rho_{0,Br} \cdot V_{Br}} \cdot (\dot{m}_{ein} - \dot{m}_{RH,aus}) \quad \text{und} \tag{5.18}$$

$$\frac{dp_{Bk}}{dt} = \frac{\kappa \cdot p_{0,Bk}}{\rho_{0,Bk} \cdot V_{Bk}} \cdot (\dot{m}_{RH,aus} - \dot{m}_{AR,aus}). \tag{5.19}$$

Aus den Impulsbilanzen um den Resonatorhals (Verbindungsstück zwischen Brenner und Brennkammer, vgl. Abb. 5.7) und das Abgasrohr werden die folgenden Gleichungen hergeleitet. Die angreifenden Kräfte sind in Abb. 5.8 angegeben.

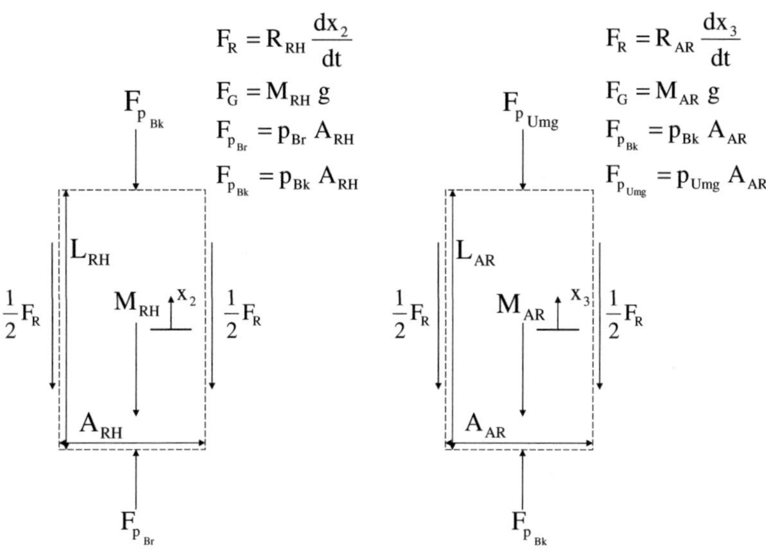

Abb. 5.8: Impulsbilanz des Resonatorhalses (links) und des Abgasrohres (rechts)

Die Impulsbilanz beispielhaft für den Resonatorhals aufgestellt ergibt:

$$M_{RH}\frac{du_{RH}}{dt} = \sum F_i = -F_{M_{RH}} - F_{R_{RH}} - F_{p_{Bk}} + F_{p_{Br}} \qquad (5.20)$$

und nach dem Einsetzen der Größen aus Abbildung 5.8 ergibt sich für die Impulsbilanz des Resonatorhalses

$$M_{RH}\frac{du_{RH}}{dt} = -M_{RH} \cdot g - R_{RH}\frac{dx_{RH}}{dt} - A_{RH} \cdot (p_{Bk} - p_{Br}) \qquad (5.21)$$

und identisch für das Abgasrohr

$$M_{AR}\frac{du_{AR}}{dt} = -M_{AR} \cdot g - R_{AR}\frac{dx_{AR}}{dt} - A_{AR} \cdot (p_\infty - p_{Bk}). \qquad (5.22)$$

Dabei sind M_{RH} und M_{AR} die schwingenden Gasmassen, R_{RH} und R_{AR} die zugehörigen Reibungskoeffizienten und p_{Br}, p_{Bk} und p_∞ der jeweils ortsunabhängige statische Druck im Brennervolumen, der Brennkammer sowie der Umgebung. Wird dx_i/dt (i=RH/AR) mit der jeweiligen Fluidgeschwindigkeit in den Gleichungen 5.21 und 5.22 substituiert und anschließend nach der Zeit differenziert erhält man unter Verwendung der Gleichungen 5.18 und 5.19 die folgenden beiden Gleichungen:

$$M_{RH}\frac{d^2 u_{RH}}{dt^2} = -R_{RH}\frac{du_{RH}}{dt} - A_{RH} \cdot \left[\frac{\kappa \cdot p_{0,Bk}}{\rho_{0,Bk} \cdot V_{Bk}} \cdot (\dot{m}_{RH,aus} - \dot{m}_{AR,ein}) \right.$$
$$\left. - \frac{\kappa \cdot p_{0,Br}}{\rho_{0,Br} \cdot V_{Br}} \cdot (\dot{m}_{ein} - \dot{m}_{RH,aus}) \right] \quad (5.23)$$

$$M_{AR}\frac{d^2 u_{AR}}{dt^2} = -R_{AR}\frac{du_{AR}}{dt} - A_{AR} \cdot \frac{\kappa \cdot p_{0,Bk}}{\rho_{0,Bk} \cdot V_{Bk}} \cdot (\dot{m}_{RH,aus} - \dot{m}_{AR,aus}). \quad (5.24)$$

Unter Berücksichtigung der Kontinuitätsbeziehung und der Annahme einer mittleren Dichte des Gases sowie eines kolbenförmigen Austrittprofils ($\dot{m}_i = \rho_i \cdot A_i \cdot \bar{u}_i$) ergibt sich aus den Gleichungen 5.23 und 5.24 das gekoppelte, inhomogene Differentialgleichungssystem

$$M_{RH}\frac{d^2 u_{RH}}{dt^2} + R_{RH}\frac{du_{RH}}{dt} + A_{RH}^2 \cdot \bar{\rho}_{RH} \cdot u_{RH} \cdot \left(\frac{\kappa \cdot p_{0,Bk}}{\rho_{0,Bk} \cdot V_{Bk}} + \frac{\kappa \cdot p_{0,Br}}{\rho_{0,Br} \cdot V_{Br}} \right)$$
$$- \frac{\kappa \cdot p_{0,Bk}}{\rho_{0,Bk} \cdot V_{Bk}} \cdot A_{RH} \cdot A_{AR} \cdot \bar{\rho}_{AR} \cdot u_{AR} = \frac{\kappa \cdot p_{0,Br}}{\rho_{0,Br} \cdot V_{Br}} \cdot A_{Düse} \cdot A_{RH} \cdot \bar{\rho}_{ein} \cdot u_{ein} \quad (5.25)$$

$$M_{AR}\frac{d^2 u_{AR}}{dt^2} + R_{AR}\frac{du_{AR}}{dt} + A_{AR}^2 \cdot \bar{\rho}_{AR} \cdot u_{AR} \cdot \left(\frac{\kappa \cdot p_{0,Bk}}{\rho_{0,Bk} \cdot V_{Bk}} \right)$$
$$- \left(\frac{\kappa \cdot p_{0,Bk}}{\rho_{0,Bk} \cdot V_{Bk}} \right) \cdot A_{RH} \cdot A_{AR} \cdot \bar{\rho}_{RH} \cdot u_{RH} = 0. \quad (5.26)$$

In diesen beiden Differentialgleichungen 5.25 und 5.26 können durch Umformen die Eigenkreisfrequenzen der Einzelkomponenten unter Verwendung folgender Gleichungen eingesetzt werden:

$$\omega_{0,Br}^2 = \frac{1}{M_{RH}} \cdot \frac{\kappa \, p_{0,Br}}{\rho_{0,Br} \cdot V_{Br}} \cdot A_{RH}^2 \cdot \rho_{RH} \tag{5.27}$$

$$\omega_{0,Bk}^2 = \frac{1}{M_{AR}} \cdot \frac{\kappa \, p_{0,Bk}}{\rho_{0,Bk} \cdot V_{Bk}} \cdot A_{AR}^2 \cdot \rho_{AR}. \tag{5.28}$$

Analog zum linearen Differentialgleichungssystem werden noch folgende Vereinfachungen eingesetzt:

$$2 \cdot D_{RH} \cdot \omega_{Br} = \frac{R_{RH}}{M_{RH}} \tag{5.29}$$

$$2 \cdot D_{AR} \cdot \omega_{Bk} = \frac{R_{AR}}{M_{AR}}, \tag{5.30}$$

wodurch die Gln. 5.25 und 5.26 folgende Form annehmen:

$$\frac{d^2 u_{RH}}{dt^2} + 2 \cdot D_{RH} \cdot \omega_{Br} \frac{d^2 u_{RH}}{dt} + \left(\frac{M_{AR}}{M_{RH}} \cdot \frac{\rho_{RH}}{\rho_{AR}} \cdot \left(\frac{A_{RH}}{A_{AR}} \right)^2 \cdot \omega_{Bk}^2 + \omega_{Br}^2 \right)$$
$$- \frac{M_{AR}}{M_{RH}} \cdot \frac{A_{RH}}{A_{AR}} \cdot \omega_{Bk}^2 \cdot u_{AR} = \frac{A_{Düse}}{A_{RH}} \cdot \frac{\rho_{ein}}{\rho_{RH}} \cdot \omega_{Br}^2 \cdot u_{Düse} \tag{5.31}$$

$$\frac{d^2 u_{AR}}{dt^2} + 2 \cdot D_{AR} \cdot \omega_{Bk} \frac{d^2 u_{AR}}{dt} - \frac{A_{RH}}{A_{AR}} \frac{\rho_{RH}}{\rho_{AR}} \cdot \omega_{Bk}^2 \cdot u_{RH} + \omega_{Bk}^2 \cdot u_{AR} = 0. \tag{5.32}$$

Dieses Differentialgleichungssystem lässt sich mit Hilfe numerischer Verfahren lösen und somit der Verlauf des frequenzabhängigen Amplitudenverhältnisses $A_M =$

$\hat{m}_{aus}/\hat{m}_{ein}$ und des Phasenwinkels $\varphi_{\hat{m}_{aus}-\hat{m}_{ein}}$ des Systems berechnen. Die Ergebnisse der Modellierung gekoppelter Resonator-Systeme sind in Kap. 5.2.1 dargestellt und für eine Reihe unterschiedlicher Parameter ausführlich besprochen. Im weiteren Verlauf der Arbeit wird die Gültigkeit der Vorhersagen des Modells mit ausgewählten, experimentellen Untersuchungen in Kap. 7.2 überprüft.

5.2.1 Berechnung des Resonanzverhaltens zweier gekoppelter Resonatoren

Mit den Gleichungen aus dem vorangegangenen Kap. 5.2 ist es nun möglich, das Amplitudenverhältnis und den Phasenfrequenzgang eines gekoppelten Systems bestehend aus zwei Resonatoren vom Einfach-Helmholtz-Resonator-Typ als Funktion der Anregungsfrequenz f_{Puls} zu berechnen. Ebenso ist es möglich, die Amplitudenverhältnisse der beiden einzelnen Helmholtz-Resonatoren (Einlassdüse - Brenner(-gehäuse) - Resonatorhals / Resonatorhals - Brennkammer - Abgasrohr) darzustellen.

Hierbei wurden der Modellbildung die in der folgenden Aufstellung zusammengestellten geometrischen Größen der beiden Resonatoren Brenner mit Resonatorhals (Übergang zur Brennkammer) und Brennkammer mit dem Abgasrohr (Übergang zur Umgebung) zugrunde gelegt (Abb. 5.7):

- Bauteil Brennergehäuse:

$Volumen V_{Br}$ [m^3]	l_{RH} [m]	D_{RH} [m]	$\omega_{0,Br}$ [Hz]	$f_{0,Br}$ [Hz]
0.00742	0.130	0.06	603	96

- Bauteil Brennkammer:

$Volumen V_{Bk}$ [m^3]	l_{AR} [m]	D_{AR} [m]	$\omega_{0,Bk}$ [Hz]	$f_{0,Bk}$ [Hz]
0.03534	0.225	0.08	280	45

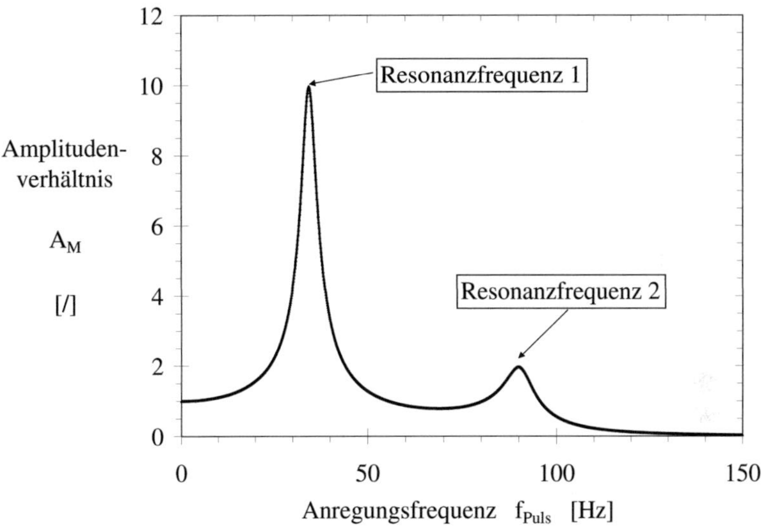

Abb. 5.9: Amplitudenverhältnis eines gekoppelten Systems zweier Helmholtz-Resonatoren (Grenzfall 1)

Die Anordnung ist so gewählt, dass die Eigenkreisfrequenzen nach den Gleichungen 5.27 und 5.28 der einzelnen Bauteile weit voneinander entfernt liegen (Abb. 5.11: Grenzfall 1). Bei der Berechnung wurde als Randbedingung die Temperatur des Fluids sowohl im Brenner als auch in der Brennkammer mit einer konstanten isothermen Temperatur von $T_{Fluid} = 298\,K = 25\,°C$ angenommen. In Abb. 5.9 ist das mit der oben zusammengefassten Geometrie berechnete dimensionslose Amplitudenverhältnis des gekoppelten Helmholtz-Resonators über der Anregungsfrequenz f_{Puls} aufgetragen.

Deutlich zu erkennen ist der Verlauf eines resonanzfähigen Systems mit zwei unterschiedlichen Resonanzfrequenzen. Die Resonanzfrequenzen sind aufgrund des

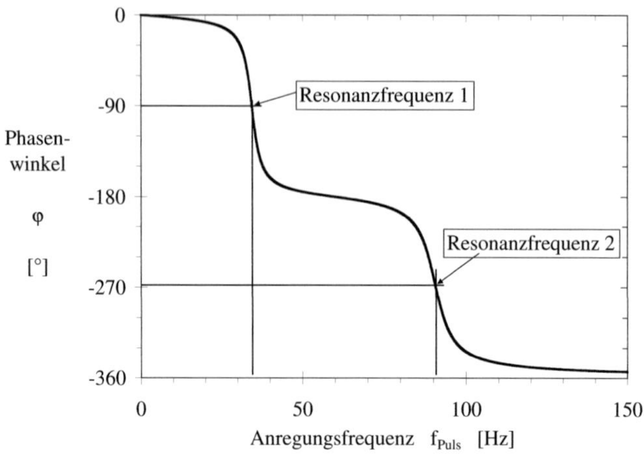

Abb. 5.10: Phasenfrequenzgang eines gekoppelten Systems zweier Helmholtz-Resonatoren (Grenzfall 1)

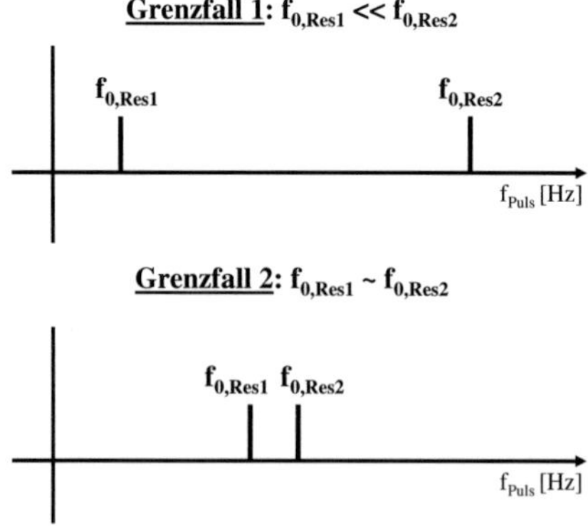

Abb. 5.11: Schema der Grenzfälle für Systeme gekoppelter Helmholtz-Resonatoren

deutlich angestiegenen Amplitudenverhältnisses klar zu erkennen, wobei bei der ersten Resonanzfrequenz $f_{Res,1} = 34Hz$ die Amplitudenhöhe $A_1 = 9.96$ beträgt, die eindeutig als Brennkammerresonanz identifiziert wurde und bei der Resonanz des Brennergehäuses bei der Resonanzfrequenz $f_{Res,2} = f_{Res,Br} = 90Hz$ beträgt die Amplitudenhöhe $A_2 = 1.97$. Bei den Amplitudenwerten ist zu beachten, dass die Modellbildung mit gleichen Zahlenwerten für die Dämpfungsparameter im Resonatorhals und Abgasrohr von $D_{Res,RH} = D_{Res,AR} = 0.05$ erfolgte, die frei gewählt wurden. In Kap. 5.2.3 wird der Einfluss der Dämpfungsparameter auf das Amplitudenverhältnis und den Phasenfrequenzgang gekoppelter Systeme genauer untersucht.

Beim Phasenfrequenzgang des gekoppelten Systems findet sich der Verlauf eines gekoppelten Systems zweier Helmholtz-Resonatoren. Der Phasenwinkel zwischen eintretendem Massenstrom an der Einlassdüse in den Resonator Brenner und dem aus dem Gesamtsystem austretenden Massenstrom am Abgasrohr hat für Frequenzen nahe 0 Hz den Wert 0° und für sehr hohe Frequenzen nähert er sich der Asymptote $\varphi = -360°$. Bei Phasenwinkeln von -90° und -270° sind in Abb. 5.10 deutlich die Wendepunkte im Phasenverlauf zu erkennen, und diese sind - wie aus der Helmholtz-Resonator-Theorie zu erwarten - den Resonanzfrequenzen der beiden Resonatoren zuordenbar.

5.2.2 Berechnung des Resonanzverhaltens zweier, gekoppelter Helmholtz-Resonatoren für unterschiedliche Anlagengeometrien

In diesem Kapitel wird nun die Auswirkung unterschiedlicher Brennervolumina auf das Resonanzverhalten eines gekoppelten Systems mit Hilfe des Modells aus Kap. 5.2 vorhergesagt werden, um so die Möglichkeit zu erhalten, die bei den späteren Validierungsmessungen verwendeten geometrischen Kombinationen bereits vorab so auszuwählen, dass möglichst stichhaltige und verständnisfördernde experimentelle Untersuchungen durchgeführt werden können. Zunächst wurde deshalb die bereits in den vorangegangenen Kapiteln eingeführte Brennkammer mit einem

Volumen V_{Bk} = 0.03534 m^3, einem Abgasrohr mit den Abmessungen Länge l_{AR} = 0.225 m und Durchmesser d_{AR} = 0.08 m sowie der Fluidtemperatur T_{Fluid} = 25 °C als konstant angenommen.

Bauteil	Volumen V [m^3]	ω_0 [Hz]	f_0 [Hz]
Brennkammer	0.0353	280	45
Brenner 1	0.0074	603	96
Brenner 2	0.0152	421	67
Brenner 3	0.0344	280	45
Brenner 4	0.0742	191	30

Tab. 5.1: Zusammenstellung der untersuchten Einzelbauteile

Das Volumen von Brenner 1 wurde so gewählt, dass die Eigenkreisfrequenzen von Brenner und Brennkammer sehr weit voneinander entfernt sind (vgl. Kap. 5.2.1, 5.11: Grenzfall 1) und somit eine gegenseitige Beeinflussung der Resonanz-frequenzen ausgeschlossen werden kann. Brenner 2 hat das doppelte Volumen wie Brenner 1 und auch bei dieser Kombination sind die Eigenkreisfrequenzen noch deutlich voneinander entfernt. Bei Brenner 3 ist der interessante Fall gewählt worden, dass die reibungsfreie Eigenkreisfrequenz von Brenner und Brenkammer identisch sind (vgl. Kap. 5.2.1, 5.11: Grenzfall 2). Hier soll mit Hilfe des Modells geklärt werden, inwiefern bei dieser Anordnung die Resonanzfrequenzen des ge-koppelten Systems ebenfalls aufeinander liegen, ausgelöscht oder auf andere Art und Weise verschoben werden. Der vierte Brenner wurde mit einem zehnfachen Volumen von Brenner 1 gewählt und in diesem Fall liegt die Eigenkreisfrequenz des Brenners unterhalb der Eigenkreisfrequenz der Brennkammer.

In Abb. 5.12 ist der Verlauf der Amplitudenverhältnisse für unterschiedliche Bau-größen des Brenners V_{Br} (vgl. Abb. 5.7 und 6.5) mit konstantem Übergangsstück zur Brennkammer (Resonatorhals) mit einem Durchmesser von d_{RH} = 0.06 m und einer Länge von l_{RH} = 0.130 m sowie einer Brennkammer mit konstantem Abgas-rohr dargestellt. Für die Dämpfungen im Resonatorhals und Abgasrohr werden für unterschiedliche Brennervolumina V_{Br} als konstante Werte angenommen $D_{Res,RH}$= $D_{Res,AR}$ = 0.05, da laut Modellannahmen der dominierende Anteil der Dämpfung

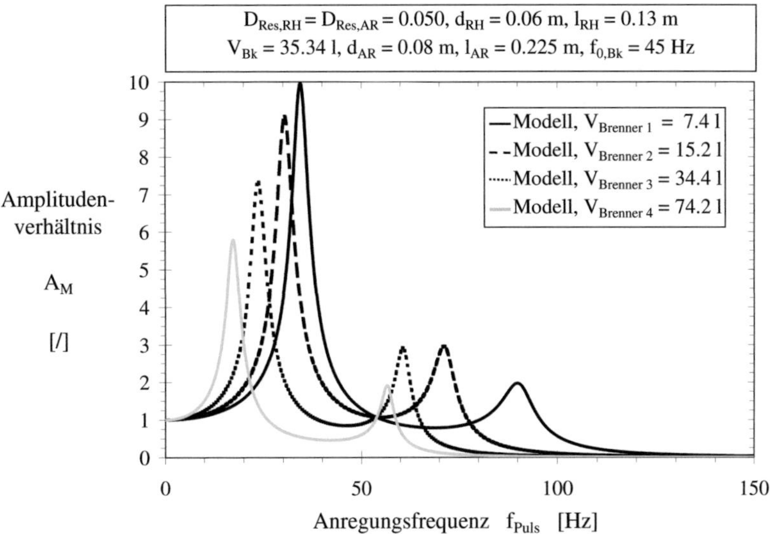

Abb. 5.12: Amplitudenverhältnis eines gekoppelten Systems zweier Einfach-Helmholtz-Resonatoren bei Variation des Brennervolumens V_{Br}

auf den Auslass (Resonatorhals, Abgasrohr) des Helmholtz-Resonators konzentriert ist (Reibung/Dämpfung in der Wandgrenzschicht). Dabei wird deutlich, wie stark sich durch die Variation des Brennervolumens (Tabelle 5.1) die Eigenkreisfrequenzen und damit auch direkt die Resonanzfrequenzen des gekoppelten Systems verschieben lassen.

Bei der Auswertung der Vorhersagen des Modells sind in Abb. 5.12 und 5.13 bemerkenswerte Erkenntnisse hervorzuheben. Für die Konfigurationen mit Brenner 1 und 2 ist es möglich, die Resonanzfrequenzen den baulichen Komponenten als Einzelbauteile Brennkammer (niedrige Resonanzfrequenz) und Brenner (hohe Resonanzfrequenz) zuzuordnen. Bei diesen beiden Konfigurationen fällt auf, dass sich die Resonanzfrequenz der Brennkammer bei einer Erhöhung des Brennervolumens um etwa 5 Hz erniedrigt. Außerdem fällt auf, dass bei der Volumenerhöhung des Brenners 2 einerseits die maximale Amplitudenüberhöhung der Brennkammer im

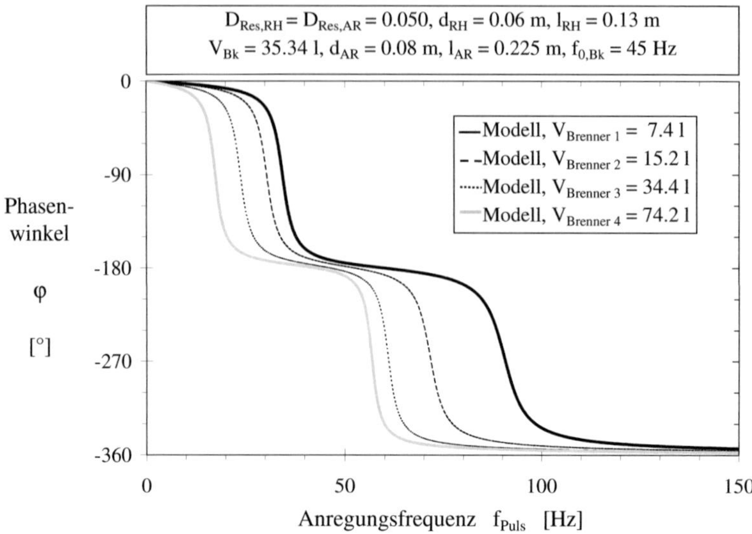

Abb. 5.13: Phasenfrequenzgang eines gekoppelten Systems zweier Helmholtz-Resonatoren bei Variation des Brennervolumens

Resonanzfall abnimmt, trotz gleich angenommener Dämpfung, und andererseits die maximale Amplitudenüberhöhung im Resonanzfall des Brenners deutlich zunimmt.

Ein wichtiges Ergebnis ist das Übertragungsverhalten des gekoppelten Systems bei identischen Eigenkreisfrequenzen der beiden Resonatoren. Bei der erwarteten Resonanzfrequenz ist die Amplitudenüberhöhung auf einen Wert von 1 zurückgegangen, aber unterhalb und oberhalb der erwarteten Frequenz sind zwei Resonanzmaxima zu erkennen. Es ist in diesem Fall nicht möglich, die Resonanzfrequenzen einem bestimmten Bauteil zuzuordnen, weshalb in Kap. 7.2.2 auf diese Fragestellung nochmals eingegangen wird.

Im vierten Modellfall ist die Zuordnung der Maxima zu den Einzelkomponenten eindeutig, da hier die Resonanzfrequenzen dem Brenner bei der niedrigen Frequenz und der Brennkammer bei der hohen Frequenz zugeordnet werden können, wobei an dieser Stelle deutlich wird, dass es beim gekoppelten System durch geeignete Kombination der Einzelresonatoren möglich ist, die Resonanzfrequenzen in weiten Bereichen verschieben zu können. Weiterhin ist es notwendig, die Gültigkeit und somit auch die Übertragbarkeit der getroffenen und in den Vorhersagen des Modells umgesetzen Annahmen für reale Systeme durch ausgewählte Experimente nachzuweisen. Allerdings hat sich durch die Berechnungen bereits gezeigt, dass es bei einer Kopplung einzelner Bauteile zwingend notwendig ist, das Gesamtsystem zu verstehen und es nicht ausreicht, ausschließlich das Resonanzverhalten der Einzelkomponenten unter Vernachlässigung der Kopplung zu berücksichtigen. In den experimentellen Untersuchungen muss die Frage geklärt werden, ob und wie sich die Dämpfungsparameter von Resonatorhals und Abgasrohr bei der Kopplung quantitativ verändern. Mit den Experimenten muss außerdem nachgewiesen werden, ob die getroffenen Annahmen des Modells zulässig sind und eine Beschreibung eines realen, gedämpften Verbrennungssystems zuverlässig und präzise möglich ist.

5.2.3 Einfluss der Dämpfungsparameter D_i auf das Übertragungsverhalten gekoppelter Helmholtz-Resonatoren

In diesem Kapitel soll anhand von Berechnungen unter der Verwendung des Modells zur Vorhersage des Übertragungsverhaltens zweier gekoppelter Helmholtz-Resonatoren untersucht werden, welchen Einfluss der Dämpfungsparameter D_i, die im einen Fall sämtliche Verlustanteile des Resonators Brenner ($D_{Res,Br}$) und im zweiten Fall des Resonators Brennkammer ($D_{Res,Bk}$) beinhalten, auf das Übertragungsverhalten des Gesamtsystems haben. In Abb. 5.14 ist für unterschiedliche Zahlenwerte der Dämpfungsmaße $D_{Res,Br}$ und $D_{Res,Bk}$ das Amplitudenverhältnis $A_M(f_{Puls}) = \hat{m}_{aus}/\hat{m}_{ein}$ dargestellt, wobei die geometrischen Größen (Brenner 1 und Brennkammer) sowie die Randbedingung Fluidtemperatur im Vergleich zum vorangegangenen Kap. 5.2.1 nicht verändert wurden und der bereits bekannte Fall mit den Dämpfungsparametern $D_{Res,RH} = D_{Res,AR} = 0.05$ als Referenzfall in die Diagramme übernommen wurde.

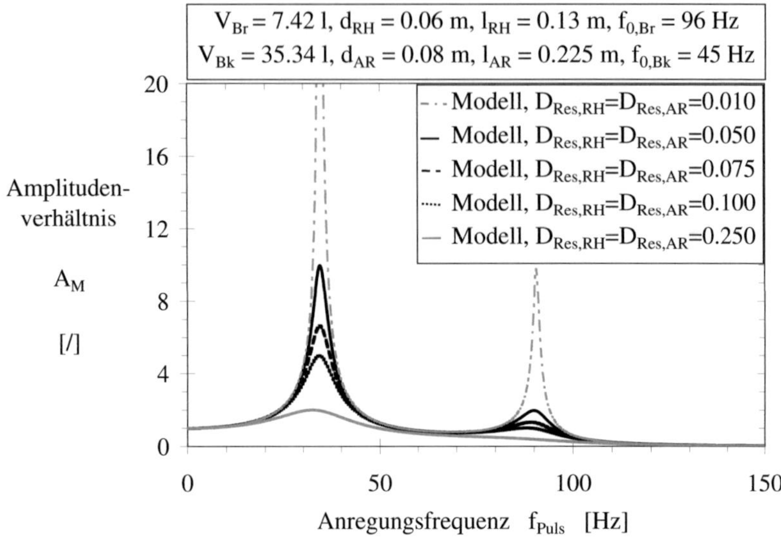

Abb. 5.14: Amplitudenverhältnis eines gekoppelten Systems zweier Helmholtz-Resonatoren für unterschiedliche Dämpfungsparameter D_i (Modellrechnung)

Die unterschiedlichen Dämpfungsmaße beeinflussen zum einen nach Gl. 5.6 die maximale Amplitudenüberhöhung und zum anderen gemäß Gln. 5.29 und 5.30 die Resonanzfrequenzen der Resonatoren. Demnach wird mit zunehmender Dämpfung die Resonanzfrequenz f_{res} immer mehr von der errechneten Eigenfrequenz f_0 abweichen. Die berechneten Phasenfrequenzgänge zeigen ebenfalls das Verhalten zweier gekoppelter Helmholtz-Resonatoren mit Wendepunkten bei den Resonanzfrequenzen (Abb. 5.15). Bei der sehr geringen Dämpfung $D_{Res,RH} = D_{Res,AR} = 0.01$ wird deutlich, dass eine starke Annäherung des Kurvenverlaufs an die Sprungfunktion, die im reibungsfreien Fall vorliegt, erfolgt.

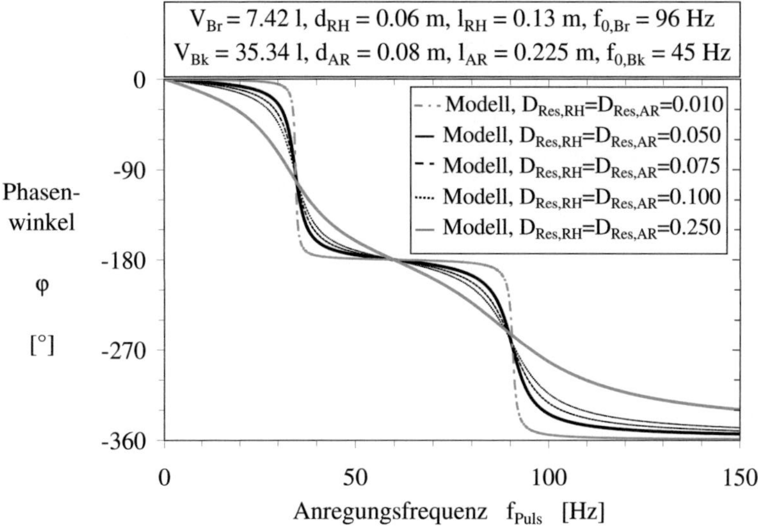

Abb. 5.15: Phasenfrequenzgang eines gekoppelten Systems zweier Helmholtz-Resonatoren für unterschiedliche Dämpfungsparameter D_i

5.2.4 Berechnung des Resonanzverhaltens gekoppelter Helmholtz-Resonatoren bei Variation geometrischer Größen sowie der Fluideigenschaften in der Brennkammer

In diesem Kapitel werden die geometrischen Größen des Brenners nicht variiert und der Einfluss bei Änderungen des Brennkammervolumens und der Temperatur des Fluids in der Brennkammer auf das Resonanzverhalten gekoppelter Helmholtz-Resonatoren theoretisch untersucht. Diese Berechnungen dienen dazu, Kombinationen, die in den experimentellen Untersuchungen mit Verbrennung verwendet werden (Kap. 7.3.2), hinsichtlich des Übertragungsverhaltens zu charakterisieren und geeignete Kombinationen für Validierungsuntersuchungen festzulegen. Dabei wird zum einen ein Volumen der Brennkammer von $V_{Bk} = 0.076 \ m^3$ so groß gewählt, dass eine hinreichend niedrige Eigenkreisfrequenz erreicht wird, sodass bei den hohen Verbrennungstemperaturen der Vormisch-Verbrennung von Erdgas mit einer theoretischen, adiabaten Verbrennungstemperatur von $T_{ad} \approx 2200$ K sich die Resonanzfrequenz stark in Richtung höherer Frequenzen verschiebt und dennoch ein deutlicher Abstand zur Resonanzfrequenz des Brenners vorliegt. Aus diesem Grund ist es wichtig, dass es mit dem Modell möglich ist, die Temperatur zu berücksichtigen, v.a. wegen unterschiedlicher Luftzahlen der Verbrennung oder auch der Brennstoffart, wodurch die tatsächliche Fluidtemperatur deutlich beeinflusst wird und entsprechende Verschiebungen der Resonanzfrequenz bewirkt werden.

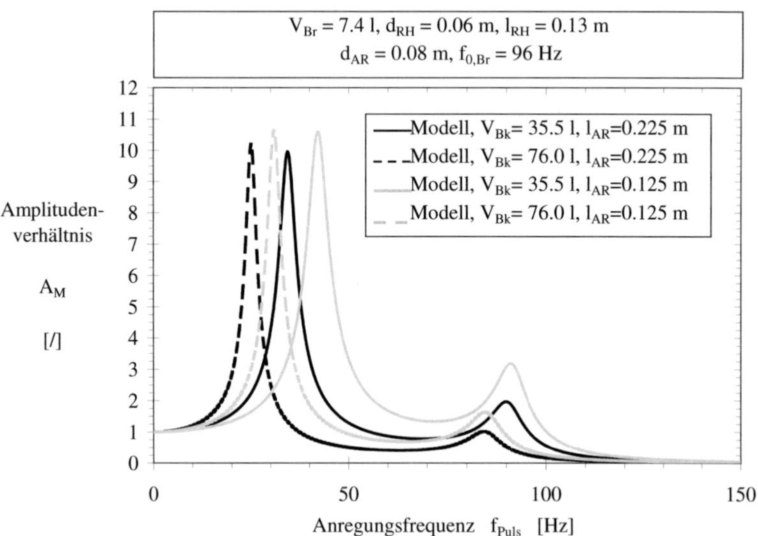

Abb. 5.16: Amplitudenverhältnisse eines gekoppelten Systems zweier Helmholtz-Resonatoren bei Variation des Brennkammervolumens und der Länge des Abgasrohres

Die Dämpfungsmaße werden weiterhin als konstante Zahlenwerte angenommen; an dieser Stelle steht die Frage der Auswirkung unterschiedlicher Fluidtemperaturen auf das gekoppelte Gesamtsystem im Mittelpunkt, da hiermit wiederum Parameterkombinationen für die experimentelle Versuchsgestaltung ermittelt werden sollen. In Abb. 5.16 ist dargestellt, wie sich das Resonanzverhalten gekoppelter Helmholtz-Resonatoren bei unterschiedlichen Brennkammervolumina ändert. Wie bereits angesprochen, wurde der Brenner mit einem Volumen von V_{Br} = 0.0072 m^3 und einem Resonatorhals mit einer Länge von l_{RH} = 0.130 m und einem Durchmesser von l_{RH} = 0.060 m beibehalten. Bei der Brennkammer hingegen wurde sowohl das Brennkammervolumen V_{Bk} als auch die Länge des Abgasrohres l_{AR} bei konstantem Durchmesser d_{AR} = 0.080 m variiert. Bei der Annahme der konstanten Dämpfung $D_{Res,RH}$ = $D_{Res,AR}$ = 0.05 für das Abgasrohr mit der Länge l_{AR} = 0.225 m ist zu berücksichtigen, dass die Änderung der Länge des Abgasrohres alleine aus physikalischen Gründen (Oberflächenänderung) eine Veränderung des Dämpfungsparameters bewirkt, was in der Berechnung berücksichtigt ist. Genaue, an realen Resonatoren experimentell ermittelte Zahlenwerte der Dämpfungsparameter finden sich im Kapitel 7.

In Abb. 5.16 ergibt sich für die Resonanzfrequenzen der Brennkammer bei niedrigen Frequenzen das erwartete Bild: Die Vergrößerung des Brennkammervolumens um den Faktor 2 führt bei gleichbleibender Abgasrohrgeometrie zu einem Absinken der Eigen- wie der Resonanzfrequenz der Brennkammer um fast 15 Hz und zwar für beide Abgasrohrlängen. Ein etwas anderes Bild ergibt sich bei der Betrachtung der Brennerresonanz, die sich alleine aufgrund der Kopplung mit dem zweiten Volumen leicht verschiebt (etwa 7 Hz).

Bei den Berechnungen unter Variation der Fluidtemperatur in der Brennkammer wurde lediglich eine geometrische Konfiguration gewählt. Eine Aufstellung der Abmessungen ergibt sich aus folgender Tabelle:

Bauteil	Volumen V [m^3]	Länge [m]	Durchmesser [m]
Brennkammer	0.076	0.5	0.44
Brenner	0.0074	0.2	0.22
Abgasrohr	-	0.225	0.08
Resonatorhals	-	0.130	0.06

Tab. 5.2: Geometrieparameter der Einzelkomponenten für die Modellrechnung unter Variation der Fluidtemperatur

Die Temperatur innerhalb der Brennkammer wird schrittweise verändert. Bei der Referenzkurve ist die Temperatur gleich der Fluidtemperatur im Brenner mit $T_{ref} = 298K$ gewählt. Die Resonanzkurven mit erhöhten Brennkammertemperaturen sind für $T_{Bk} = 1400$ K, 1800 K und 2200 K berechnet und in Abb. 5.17 dargestellt.

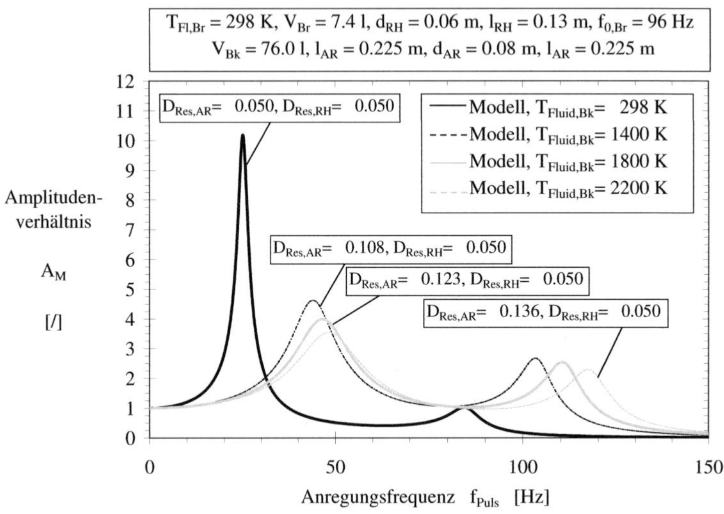

Abb. 5.17: Amplitudenverhältnis eines gekoppelten Systems zweier Helmholtz-Resonatoren bei Variation der Fluidtemperatur in der Brennkammer

Der größte offensichtliche Einfluss der Fluidtemperatur ist die Verschiebung der Resonanzfrequenzen, die sich durch die deutliche Veränderung der Schallgeschwindigkeit des Fluids in der Brennkammer verschieben, weil die Eigenkreisfrequenz des Einzelbauteils Brennkammer nach Gl. 5.4 mit steigender Temperatur zu höheren Frequenzen hin verschoben ist. Zu beachten ist somit die Veränderung der Resonanzfrequenz des Brenners in Abhängigkeit der Temperatur in der Brennkammer, was für den Betrieb eines gekoppelten Systems von großer Bedeutung ist.

Die Veränderungen des Dämpfungsparameters durch die unterschiedlichen Temperaturen lassen sich am Verlauf der in Abb. 5.18 dargestellten Phasenfrequenz-

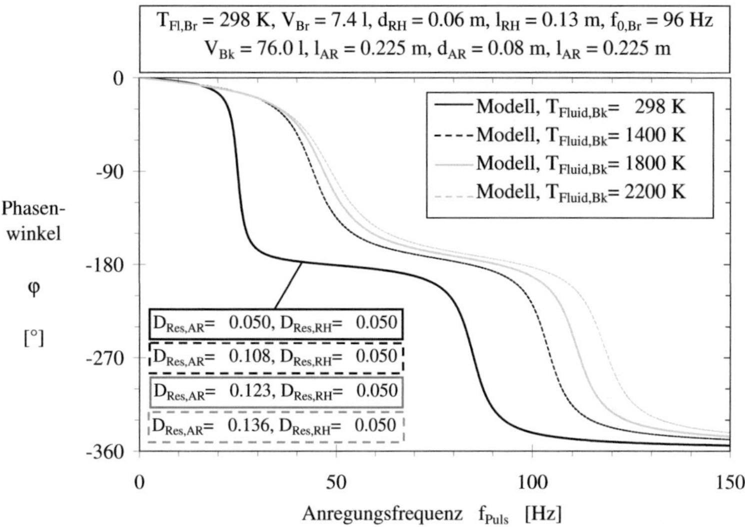

Abb. 5.18: Phasenfrequenzgang eines gekoppelten Systems zweier Helmholtz-Resonatoren bei verschiedenen Fluidtemperaturen in der Brennkammer

gänge sehr gut erkennen. Gleichzeitig zeigt sich, dass der Einfluss der Temperatur des Fluids den aus theoretischen Überlegungen abgeleiteten Gesetzmäßigkeiten entspricht (Kap. 5.1.2 und 7.1.3) und somit eine Möglichkeit gefunden wurde, unterschiedliche Fluidtemperaturen mittels des Modells abzubilden.

Zusammenfassend kann festgestellt werden, dass es mit den Erkenntnissen und Vorhersagen, die auf einer Modellierung zweier gekoppelter Helmholtz-Resonatoren aufbauen, möglich ist, das frequenzabhängige Übertragungsverhalten unter Berücksichtigung der geometrischen und fluiddynamischen Größen für unbekannte Systeme vorherzusagen. Mit den Erkenntnissen über gekoppelte Systeme können nun geeignete experimentelle Untersuchungen sowohl von isotherm durchströmten Systemen als auch technischen Vormisch-Verbrennungssystemen durchgeführt werden, um die Übertragbarkeit der Modellannahmen auf reale Systeme nachzuweisen. Das wichtige Ergebnis aus den Experimenten als quantitativer Wert sind

die Dämpfungsparameter. Allerdings ist es hierbei unerheblich, ob diese Werte am
gekoppelten System oder den Einzelkomponenten ermittelt werden, da es durch
geeignete Skalierungsgesetze möglich ist, sämtliche Dämpfungsparameter bei geänderten Randbedingungen umzurechnen (Kap. 7.2.2) und diese Änderungen der
Dämpfungsparameter im Modell des gekoppelten Helmholtz-Resonators imple-
mentiert sind.

6 Versuchsaufbau und Messtechnik

Im Rahmen dieser Arbeit wurde eine Versuchsanlage im Technikumsmaßstab aufgebaut. Die Anlage war sowohl für Untersuchungen des Resonanzverhaltens bei isothermer Durchströmung von einzelnen Resonatoren vom Typ des Helmholtz-Resonators und gekoppelten Resonatorsystemen als auch für Schwingungsuntersuchungen mit Vormisch-Drallflammen und somit hohen Fluidtemperaturen in der Brennkammer ausgelegt. Die modulare Bauweise ermöglichte Untersuchungen unter Variation des resonanzfähigen Brennkammervolumens und der vor-, nach- oder beigeschalteten Volumina. Dadurch war es möglich, die Resonanzfrequenzen der einzelnen Bauteile in weiten Bereichen zu verschieben und unterschiedliche Kombinationen in ihrer Auswirkung auf die Schwingungsneigung des Gesamtsystems systematisch zu untersuchen.

An einem weiteren Versuchsstand wurden Untersuchungen unter erhöhtem Betriebsdruck ($p_{stat,max}$= 7 bar) zur Ermittlung der Abhängigkeit des Dämpfungsparameters $D(\bar{p}_{Bk})$ vom mittleren statischen Brennkammerdruck an einem einfachen Helmholtz-Resonator durchgeführt, wobei hierbei auch ein großvolumiges Ausgleichsgefäß adaptiert werden musste (Kap. 6.1.2).

Für die Untersuchungen unter Verbrennungsbedingungen wurde ein modular aufgebauter doppelt-konzentrischer Drallbrenner verwendet, mit dem es möglich war, Vormisch-Drallflammen in eine Brennkammer eingeschlossen zu betreiben. Die Konstruktionsweise des Drallbrenners ermöglichte eine Variation einer Vielzahl von verfahrenstechnischen und geometrischen Parametern, deren Einfluss auf das Strömungsfeld dieses Drallbrenners sowohl hinsichtlich der mittleren Größen als auch hinsichtlich Schwankungsgrößen in mehreren Arbeiten dokumentiert ist [7], [46].

Verfahrenstechnische Paramter:

- thermische Leistung $\bar{Q}_{th}$ und Luftzahl λ

- Vormisch- und Diffusionsbetrieb

Geometrische Parameter:

- Brenneraustrittsgeometrie: Änderung der axialen Position des Pilotbrenners $x_{Pilotbrenner} = 0 \ldots -40$ mm sowie Brennerauslass zylinderförmig oder als Diffusor

- Art der Drallerzeugung: Axialschaufeldrallerzeuger bzw. stufenlos einstellbarer Tangentialdrallerzeuger ($S_{0,th} = 0 - 0.9$ [/])

- Drallstärke (Pilot- und Hauptbrenner)

- freibrennende und eingeschlossene Betriebsweise

Dieser Aufbau wird in den folgenden Kapiteln ausführlich beschrieben, wobei zunächst Versuchsaufbauten einzelner und gekoppelter Helmholtz-Resonatoren und anschließend der doppelt-konzentrische Drallbrenner für die Untersuchungen von Resonanzeffekten unter Verbrennungsbedingungen dargestellt werden. Abschließend wird kurz auf die verwendete Messtechnik für die Erfassung stationärer und instationärer Messgrößen eingegangen.

6.1 Versuchsaufbau für Untersuchungen an Resonatoren vom Typ des einfachen Helmholtz-Resonators

6.1.1 Untersuchungen unter atmosphärischen Bedingungen

Zunächst wurde das Übertragungsverhalten von Einfach-Helmholtz-Resonatoren unter isothermen Strömungsbedingungen bestimmt, um einerseits den bisher nicht vollständig geklärten Einfluss von Größen wie der Wandrauigkeit im Abgasrohr zu quantifizieren und um andererseits sicherzustellen, dass bei einem Zusammenschalten der Einzelbauteile zu einem komplexen Gesamtsystem sich die Bauteile einzeln betrachtet wie reale Helmholtz-Resonatoren mit bekannter Übertragungs-charakteristik verhalten.

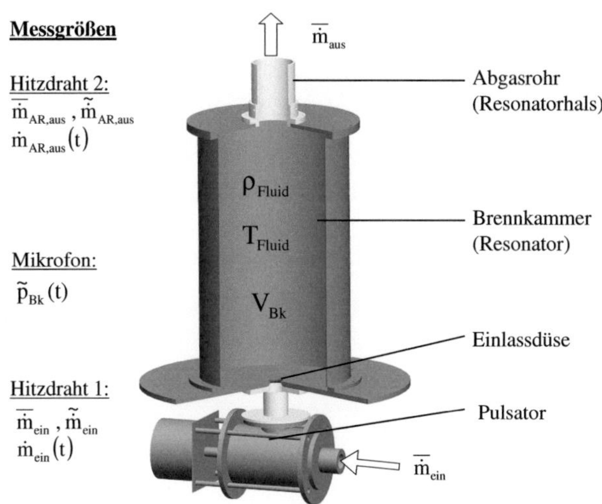

Abb. 6.1: Schematische Darstellung der Versuchsanlage zur Untersuchung des Resonanzverhaltens einfacher Helmholtz-Resonatoren

In Abb. 6.1 ist ein Schema des Versuchsaufbaus zur Untersuchung des Resonanz-verhaltens von resonanzfähigen Volumina unter isothermen Betriebsbedingungen dargestellt. Zur Untersuchung der Einzelkomponenten wurde eine Pulsationsein-heit [19] - im weiteren auch Pulsator genannt - direkt an die Resonatoren adaptiert, um somit das frequenzabhängige Übertragungsverhalten der Einzelkomponenten zu bestimmen. Mit dem Pulsator ist es möglich, einen stationären Fluidvolumen-strom mit einer sinusförmigen Anregung zu beaufschlagen. Hierzu rotiert im Pul-sator ein Flügelrad aus Kunststoff, welches bei der Drehung einen sinusförmigen Ausschnitt am Pulsatorauslass periodisch öffnet und wieder verschließt. Mit Hilfe eines Schrittmotors ist die Drehzahl des Flügelrades, und damit direkt die Frequenz der sinusförmigen Anregung, stufenlos einstellbar ($f_{Puls} = 0...200\,Hz$). Damit nicht der gesamte Massenstrom angeregt wird, ist ein Bypass vorgesehen, mit dem die Anregungsstärke (Amplitude der Schwankung) durch Veränderung des Verhältnisses des sinusförmig angeregten Teilfluidstroms zu stationärem Bypass-Fluidstrom ebenfalls stufenlos einstellbar ist (Gl. 7.2, [19], [20], [49], [60]).

Abb. 6.1 zeigt die Hauptkomponenten (Pulsationseinheit zum Aufprägen des sinusförmig modulierten Massenstroms, Brennkammer vom Typ eines einfachen Helmholtz-Resonators, Abgasrohr) sowie die wichtigsten Messgrößen. Die Luftversorgung der Versuchsanlage erfolgt über einen zentralen Kompressor, die Zuleitung zur Versuchsanlage wird zur Entkopplung von Versorgungs- und Versuchsanordnung hinsichtlich der Übertragung von Druckschwankungen oder periodischen Störungen aus dem Versorgungsnetz mit einer Drosselung der Strömung - um annähernd Schallgeschwindigkeit zu erreichen - ausgestattet.

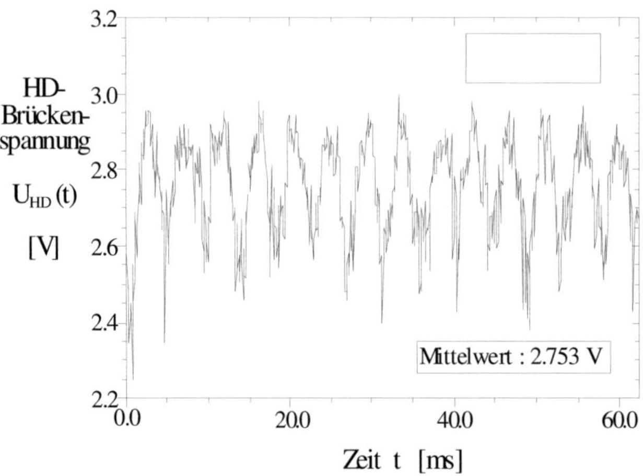

Abb. 6.2: Beispielhafter Signal-/ Zeitverlauf eines Hitzdrahtbrückensignals bei periodisch angeregter Messgröße

Für Untersuchungen unter isothermen Bedingungen wird ein stationärer Volumenstrom von $\bar{\dot{V}}_{Luft} = 30\,m_N^3/h$ mittels des Pulsators mit einer vorgegebenen Anregungsfrequenz pulsiert, wodurch etwa ein Anteil von 30% am Gesamtluftmassenstrom als Schwankungsanteil sinusförmig angeregt wird. Der Luftmassenstrom strömt durch eine Viertelkreisdüse mit $d_{Düse} = 20\,mm$ in den Helmholtz-Resonator ein (Brennkammer oder Brennervolumen). Nach dem Durchströmen des Resonators verlässt der Luftmassenstrom das System durch den Resonatorhals - z.B. das Abgasrohr - in die Umgebung. Die stationären Messgrößen sind der in den Einfach-Helmholtz-Resonator eintretende Luftmassenstrom, welcher mittels kalibrierter Schwebekörper-Durchflussmessgeräte quantifiziert wurde, sowie die Fluidtemperatur an der Einlassdüse (Kap. 6.4.1). Mittels Hitzdrahtanemometrie (Kap. 6.4.2) wird zur Bestimmung des Übertragungsverhaltens des einfachen Helmholtz-Resonators an der Einlassdüse (Messposition: Hitzdraht 1) der zeitabhängige, eintretende Luftmassenstrom $\dot{m}_{ein}(t)$ und am Ende des Resonatorhalses (Messposition: Hitzdraht 2) der zeitabhängige, aus dem System austretende Luftmassenstrom $\dot{m}_{aus}(t)$ bestimmt. Der zeitabhängige Luftmassenstrom $\dot{m}(t)$ läßt sich in einen mittleren, zeitunabhängigen Massenstrom $\bar{\dot{m}}$, einen periodischen Schwankungsanteil des Massenstroms $\tilde{\dot{m}}(t)$ und einen turbulenten Schwankungsanteil $\dot{m}'(t)$ zerlegen (Beispiel eines Original-Hitzdrahtbrückenignals: Abb. 6.2). In der Brennkammer wird der Schwankungsanteil des Brennkammerdruckes $\tilde{p}_{Bk}(t)$ mit einem Kondensatormikrofon bestimmt (Kap. 6.4.3).

Zur Ermittlung der Temperaturabhängigkeit des Dämpfungsmaßes $D\,(T_{Fluid})$ bei Resonatoren vom Typ des einfachen Helmholtz-Resonators, gibt es zwei Möglichkeiten. Die erste Möglichkeit besteht darin, die Fluidtemperatur in der Versuchsanordnung durch Luftvorwärmung oder Energiezufuhr, beispielsweise durch eine Verbrennungsreaktion, zu realisieren. Nachteil dieser Herangehensweise ist jedoch, dass sich aufgrund der veränderten Fluidtemperatur auch die Schallgeschwindigkeit der gesamten Gassäule (Brennkammer und Resonatorhals) ändert, wodurch die Eigenkreisfrequenz des Resonators nach Gleichung 5.4 verändert wird. Aus diesem Grund wurde bei den hier gezeigten Untersuchungen auf die Aufheizung des gesamten Fluidmassenstroms verzichtet und lediglich die für die Dämpfung relevante Wandgrenzschicht im Abgasrohr beheizt. Hierfür wurde ein bis auf 300 °C beheizbares Abgasrohr konstruiert, mit dem es möglich wurde, gezielt die Wandgrenzschicht im Abgasrohr über die gesamte Länge auf konstanter Temperatur durch eine Thermostatisierung der Wand des Resonatorhalses (Abgasrohr) zu halten.

Um den Einfluss der Wandrauigkeit des Abgasrohres auf das Resonanzverhalten einfacher Helmholtz-Resonatoren zu quantifizieren, wurde als Referenz der durch spanende Bearbeitung erhaltene Rauigkeitswert und das zugehörige Dämpfungsmaßes gewählt und anschließend bei gleichbleibender Geometrie des Resonators lediglich die Wandrauigkeit des Abgasrohres durch das Polieren der Abgasrohroberfläche verändert und damit der Einfluss auf das Dämpfungsmaß ermittelt (Kap. 7.1.2).

6.1.2 Eigenschaften einfacher Helmholtz-Resonatoren unter erhöhtem Betriebsdruck

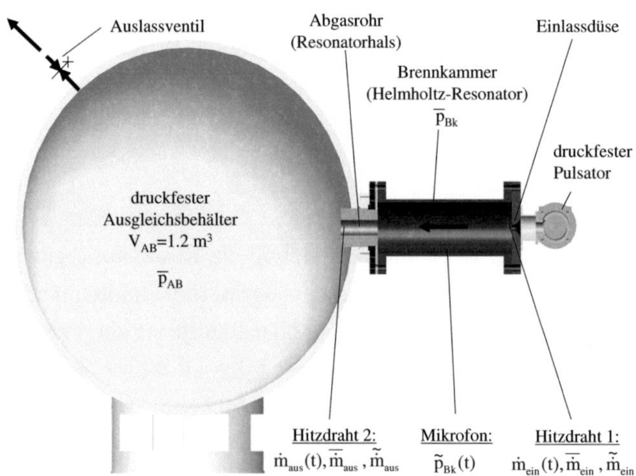

Abb. 6.3: Einfacher Helmholtz-Resonator für Untersuchungen unter erhöhtem Betriebsdruck

Zur Untersuchung des Einflusses des Betriebsdruckes $\bar{p}_{Bk}$ auf die Resonanzeigenschaften von einfachen Helmholtz-Resonatoren wurde eine Versuchsanlage konstruiert, die es ermöglichte, eine Brennkammer unter erhöhtem Betriebsdruck hinsichtlich ihres frequenzabhängigen Übertragungsverhaltens bei isothermen Versuchsbedingungen zu untersuchen. Zur Erfüllung der Randbedingungen eines einfachen Helmholtz-Resonators ist es notwendig, die Ausströmung aus der Brennkammer durch einen Resonatorhals derart zu gestalten, dass ein großes Ausgleichsgefäß im Anschluss an den Auslass des Abgasrohres angebracht wird, das ebenfalls unter erhöhtem Betriebsdruck arbeitet. Dadurch ist es möglich, den Auslass des Drucksystems mit $\bar{p}_{Bk}$ zur Umgebung mit $\bar{p}_\infty$ räumlich so weit vom Untersuchungsobjekt entfernt anzuordnen, dass der kritisch durchströmte Drucksprung keine Rückwirkung auf das Resonanzverhalten des Helmholtz-Resonators hat. In Abb. 6.3 ist die Versuchsanlage für die Untersuchungen unter erhöhtem Betriebsdruck $\bar{p}_{Bk}$ schematisch dargestellt. Das auffälligste Merkmal der Anordnung ist das im Anschluss an das Abgasrohr positionierte Ausgleichsvolumen mit $1.2\,m^3$ Inhalt. Es dient dazu, die oszillierende Massebewegung der Gassäule des Abgasrohres nicht am Abgasrohrende auf Umgebungsdruck zu entspannen, sondern in ein ausgedehntes Volumen mit gleichem mittleren Betriebsdruck wie in der Brennkammer strömen zu lassen ($\bar{p}_{Bk} = \bar{p}_{AB}$). Der druckfeste Pulsator ist vom Konstruktions- und Funktionsprinzip identisch mit der atmosphärischen Ausführung (Kap. 6.1.1). Zur Bestimmung des frequenzabhängigen Übertragungsverhaltens wurde der in die Brennkammer vom Typ des Helmholtz-Resonators ein- und austretenden Massenstrom sowohl in Mittel- und Schwankungswert bestimmt, wofür die an der Einlassdüse ($d_{Düse}$= 22 mm) und am Ende des Abgasrohres (d_{AR}= 60 mm) positionierten Messstellen für Hitzdrahtsonden verwendet wurden. Zur Erfassung der Druckschwankung in der Brennkammer $\tilde{p}_{Bk}(t)$ wurde an der Brennkammerwand eine Druckmessstelle mit Kondensatormikrofon positioniert.

6.2 Versuchsanlage zur Untersuchung gekoppelter Systeme

Zur Untersuchung des frequenzabhängigen Übertragungsverhaltens gekoppelter Helmholtz-Resonatoren wurde ein resonanzfähiges Verbrennungssystem - bestehend aus Brennergehäuse, einem Resonatorhals (Brennerauslass), einer Brenn-

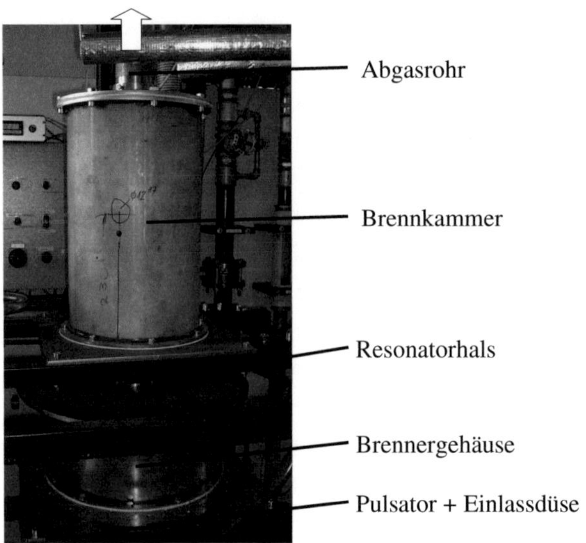

Abb. 6.4: Foto der Versuchsanlage zweier gekoppelter Helmholtz-Resonatoren

kammer und dem Abgasrohr - aufgebaut (Abb. 6.4). Dieses System wurde zunächst als Einzelkomponenten (Kap. 6.1.1) und anschließend als gekoppeltes Gesamtsystem untersucht, wobei aufgrund des grundlegenden Charakters der Untersuchungen zunächst unter isothermen Versuchsbedingungen Messungen erfolgten und anschließend selbsterregt-schwingende Betriebspunkte bei Vormisch-Verbrennung vermessen wurden.

In Abb. 6.5 ist das Schema des Gesamtaufbaus zur Untersuchung des Resonanzverhaltens von gekoppelten Systemen unter isothermen Betriebsbedingungen dargestellt. Zur Untersuchung der Einzelkomponenten des Gesamtsystems war es durch den modularen Aufbau des Versuchsstandes möglich, die Pulsationseinheit direkt an das System zu adaptieren.

In Abb. 6.5 sind die beiden Hauptvolumina Brenner(-gehäuse) und Brennkammer dargestellt, die - wie bereits beim einfachen Helmholtz-Resonator in Kapitel 6.1.1

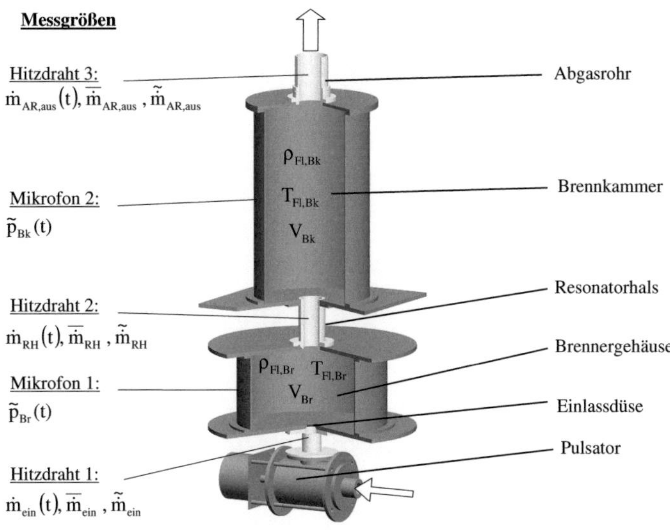

Abb. 6.5: Schema der Versuchsanlage zur Untersuchung des frequenzabhängigen Übertragungsverhaltens zweier gekoppelter Helmholtz-Resonatoren (Fl: Fluid)

erläutert - mit einem pulsierten Luftmassenstrom durchströmt werden. Bei den isothermen Untersuchungen war das Brennergehäuse ohne Einbauten (zur Drallerzeugung, o.ä.) ausgestattet. Das Fluid strömt aus dem Brennergehäuse durch den Resonatorhals in die eigentliche Brennkammer. Das Fluid verlässt anschließend die Brennkammer durch das Abgasrohr, von wo aus es in die Umgebung abströmt. Die benötigten Messstellen im System zweier gekoppelter Helmholtz-Resonatoren sind die Druckmessstellen im Brennergehäuse und der Brennkammer sowie die Hitzdrahtsonden zur Detektion des Luftmassenstroms $\dot{m}_i(t)$ an den Positionen Einlassdüse (i = ein), Resonatorhals (i = RH) und Abgasrohr (i = AR,aus; Auslass der Brennkammer). Zur Ermittlung der Übertragungscharakteristika wurden die Verhältnisse der Brennergehäuse- und Brennkammervolumina des gekoppelten Systems stufenweise variiert, wodurch die Eigenkreisfrequenzen gegeneinander verschoben wurden. An dieser Stelle wird für die komplette Aufstellung der untersuchten Volumina einschließlich der zugehörigen Eigenkreisfrequenzen auf das Kap. 7.2 verwiesen. Bei den Untersuchungen unter Verwendung einer Vormisch-Drallflamme wurde das Brennergehäuse mit Inneneinbauten versehen und entsprach im Gesamtaufbau einem doppelt-konzentrischen Drallbrenner, der in Kap. 6.3.1 detailliert beschrieben ist.

6.3 Experimenteller Aufbau zur Untersuchung selbsterregter Verbrennungsschwingungen an einem gekoppelten Vormisch-Verbrennungssystem

6.3.1 Versuchsträger doppelt-konzentrischer Drallbrenner

Der Versuchsträger doppelt-konzentrischer Drallbrenner, der für Untersuchungen selbsterregter Verbrennungsschwingungen im Vormischbetrieb an resonanzfähigen technischen Verbrennungssystemen, die zuvor isotherm untersucht wurden, verwendet wurde, ist wie in Abb. 6.6 und 6.7 ersichtlich durch zwei auffällige Merkmale gekennzeichnet.

Der doppelt-konzentrische Drallbrenner weist im unteren Bereich ein großvolumiges Luftverteilervolumen auf. Die von unten einströmende Luft der Hauptströmung bzw. der Hauptflamme tritt in den Luftverteiler ein und strömt durch die tangentialen Lufteinlässe (Abb. 6.7: äußerer Drallerzeuger) in ein großes Brennervolumen. Anschließend strömt die verdrallte Luft in den Ringspalt, und verlässt den Brenner durch einen zylinderförmigen Brennerauslass (D_0= 110 mm). Die innere Begrenzung des Ringspalts erfolgt durch den zentral angebrachten Pilotbrenner, der einen äußeren Durchmesser von d_0 = 70 mm aufweist. Die axiale Position des Pilotbrenners ist in axialer Richtung stufenlos im Bereich $x_{Pilotbrenner}$ = 0 ... -40 mm einstellbar und zwar bezogen auf die Brenneraustrittsebene. Das bedeutet, dass bei einer axialen Position von $x_{Pilotbrenner}$ = 0 mm sich der Pilotbrenner in der Brenneraustrittsebene befindet. Die Werte mit negativen Positionsangaben bedeuten, dass der Pilotbrenner im Bezug zur Brenneraustrittsebene zurückversetzt angeordnet ist.

Abb. 6.6: Versuchsträger doppelt-konzentrischer Drallbrenner

Der Luft- bzw. Brenngas/Luft-Gemisch-Massenstrom des Pilotbrenners wird mit einem Axialschaufeldrallerzeuger verdrallt, wobei in den hier vorgestellten Untersuchungen eine feste theoretische Drallstärke $S_{0,th,Pilot} = 0.79$ [/] gewählt wurde. Der doppelt-konzentrische Drallbrenner wurde hinsichtlich der Strömungsverhältnisse untersucht. An dieser Stelle wird auf die zahlreichen Untersuchungen zum Strömungsfeld dieses Drallbrenners in den entsprechenden Literaturstellen verwiesen [46], [92], [7], [33], [32], [8]. Die gewonnenen Erkenntnisse lassen sich ausschnittsweise folgendermaßen zusammenfassen: Die Verdrallung der Pilot- und Hauptströmung führt zu einer stark verdrallten Strömung unter Ausbildung einer zentralen Rezirkulationszone, die durch eine Umkehr der Axialgeschwindigkeit im Bereich der Brennerachse gekennzeichnet ist. Mit zunehmendem Brennerabstand kommt es durch die Tangentialkomponente der Strömung zum Einbinden von Umgebungsmedium und dadurch zu einer Abnahme der maximalen Axialgeschwindigkeit und einer Verbreiterung des Strahls. Die Verbrennungsluft und das Brenn-

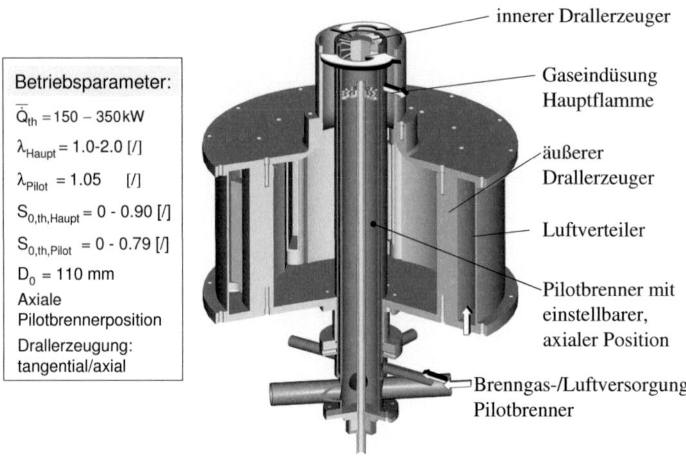

Abb. 6.7: Aufbau und wichtige Kenngrößen des doppelt-konzentrischen Drallbrenners [7]

gas (Erdgas H aus dem städtischen Versorgungsnetz) werden vor dem Eintritt in
den Brenner in einem Injektormischer homogen vorgemischt. Das Brenngas/Luft-
Gemisch strömt in den doppelt-konzentrischen Drallbrenner mit Pilotbrenner, wird
dort verdrallt (Aufprägung einer tangentialen Geschwindigkeitskomponente) und
verlässt das Brennergehäuse durch den Ringspalt. Am oberen Ende des Ringspalt
beginnt die Brennkammer und die vorgemischte Hauptflamme wird an der mit-
tig auf der Brennerachse befindlichen Pilotflamme, die ebenfalls voll-vorgemischt
und mit einer theoretischen Drallstärke von $S_{0,th,Pilot}$= 0.79 [/] betrieben wird, ge-
zündet. In Abb. 6.8 ist ein Beispiel einer typischen Vormischflamme dargestellt.
Man erkennt das gleichmäßige Flammenbild durch die homogene Vormischung
von Brennstoff und Verbrennungsluft vor dem Austritt des Gemisches aus dem
Brenner gut; eine zweite Auffälligkeit ist die Drallflammenform mit kurzer bu-

schiger Flammenstruktur bei vollständigem Ausbrand und sehr guter Zündstabilität über sehr weite Leistungs- und Luftzahlregelbereiche.

Abb. 6.8: Beispiel einer voll-vorgemischten, turbulenten Erdgas-Luft-Drallflamme

Mit dem vorgestellten doppelt-konzentrischen Drallbrenner können die unterschiedlichen Betriebsparamter und geometrischen Größen unabhängig voneinander variiert und die Auswirkung auf den Strömungs- bzw. Verbrennungslärm quantifiziert werden [7]. Durch die Konstruktionsweise des Brenners war es außerdem möglich, kohärente Störungen zu erzeugen, die im Strömungsfeld mittels LDA-Messungen und im Schallfeld durch Verwendung einer Mikrofonprobe nachgewiesen werden konnten [7]. Diese Störungen wirkten anschließend als ursächliche Anregung von Verbrennungsschwingungen, die jedoch nur im eingeschlossenen Fall (Betrieb des Brenners in einer Brennkammer) bei Vorhandensein eines geschlossenen Rückkopplungskreises (vgl. Kap. 4.2), auftreten können.

6.3.2 Vormisch-Verbrennungssystem mit Drallbrenner und Brennkammer vom Helmholtz-Resonator-Typ

Um die Auswirkung von gekoppelten Systemen auf das Phänomen der selbsterregten Verbrennungschwingungen zu untersuchen, wurde eine Versuchsanlage konzipiert, die aus zwei druckweich miteinander verbundenen, resonanzfähigen Volumina besteht. Das erste Volumen ist das Brennergehäuse des Vormisch-Drallbrenners (Kap. 6.3.1), das druckweich mit der Brennkammer verbunden ist. Die in Abb. 6.9 dargestellte Brennkammer ist mit einer wassergekühlten Brennkammerwand versehen und die heißen Rauchgase verlassen die Brennkammer durch das Abgasrohr, wo die Abgase über ein Hallenabzugssystem abgesaugt werden.

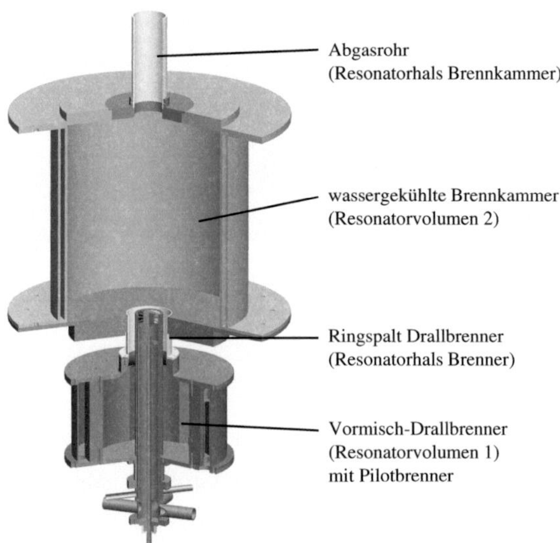

Abb. 6.9: Vormisch-Verbrennungssystem mit doppelt-konzentrischem Drallbrenner und wassergekühlter Brennkammer

An dieser Anlagenanordnung ist es möglich, unterschiedliche selbsterregt schwingende Betriebspunkte von Vormisch-Drallflammen zu realisieren und zu untersuchen. Das Hauptziel der Untersuchungen ist es, herauszufinden, ob es möglich ist, bei Druck-/ Flammenschwingungen sowohl das Brennkammervolumen als auch das Brennergehäuse gezielt anzuregen. Diese Untersuchungen sind notwendig, um eine Übertragung der Ergebnisse aus Untersuchungen von einfachen und gekoppelten Resonatoren vom Helmholtz-Resonator-Typ unter isothermen Strömungsbedingungen auf den Fall mit überlagerter Verbrennung zu ermöglichen und um eine Übertragbarkeit der Modellvorstellung gekoppelter Helmholtz-Resonatoren auf die Problematik der Verbrennungsinstabilitäten sicherzustellen.

Die geometrischen Größen der in Abb. 6.9 dargestellten Brennkammer wurden für die Versuche mit Vormischverbrennung folgendermaßen gewählt:

Länge Brennkammer	Durchmesser Brennkammer	Länge Abgasrohr	Durchmesser Abgasrohr
l_{Bk}	D_{Bk}	l_{AR}	D_{AR}
0.5 m	0.44 m	0.225 m	0.08 m

Tab. 6.1: Geometrie der Brennkammer (Resonatorvolumen 2)

Mit den in Tab. 6.1 zusammengefassten Geometriedaten errechnet sich die Eigenkreisfrequenz der Brennkammer unter Normbedingungen $\omega_{0,Bk} = 191$ Hz ($f_{0,Bk} = 30$ Hz). Mit dieser Brennkammer ist es möglich, Vormisch-Drallflammen in einem sehr weiten Leistungsbereich bis zu $\bar{\dot{Q}}_{th,max} = 500$ kW und Luftzahlbereich von $1.2 < \lambda < 2.4$ zu betreiben.

6.4 Messtechnik zur Erfassung stationärer und instationärer Messgrößen

6.4.1 Messung mittlerer Volumenströme und Temperaturen

Die Bestimmung der mittleren Volumenströme der Brenngas- und Luftversorgung wurde mit Hilfe von kalibrierten Schwebedurchflussmessgeräten bzw. Blenden durchgeführt (Abb. 6.10). Mit den so ermittelten mittleren Volumenströmen am

Eintritt in die Versuchsanlage konnte im Falle der Vormischverbrennung die feuerungstechnischen Größen thermische Leistung $\bar{\dot{Q}}_{th}$ und Luftzahl λ_{Misch} geregelt und quantifiziert werden. Haupt- und Pilotflamme sind getrennt voneinander regelbar und somit unabhängig voneinander in thermischer Leistung und Luftzahl variierbar. Im Falle der isothermen Untersuchungen waren lediglich die Messgeräte zur Bestimmung der mittleren Luftvolumenströme wichtig.

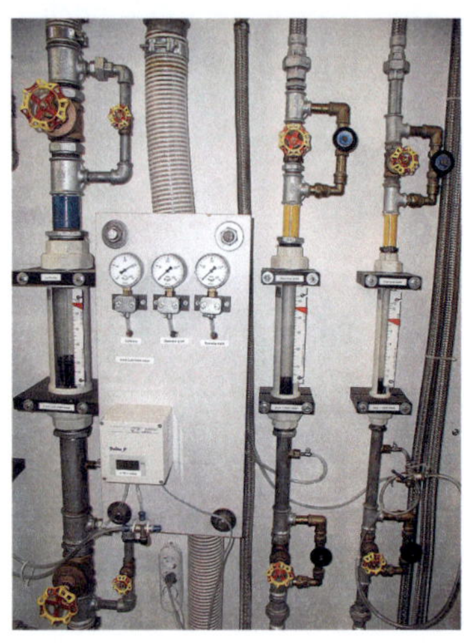

Abb. 6.10: Durchflussmessgeräte zur Volumenstrombestimmung der Brenngas- und Luftversorgung

Da die Schallgeschwindigkeit des Fluids im Resonator, die außer von der Gaszusammensetzung maßgeblich von der Fluidtemperatur abhängt, bei der Bestimmung der Eigenkreisfrequenzen eine entscheidende Einflussgröße ist, muss die mittlere Fluidtemperatur in den Resonatoren bei jeder Messung ermittelt werden, da die Temperatur von der von einem Kompressor gelieferten Luft von der jeweiligen Tagesaußentemperatur abhängt und somit saisonalen, nicht zu vernachlässigenden Abweichungen unterliegt. Die Fluidtemperatur wird mit einem Widerstandsthermometer aus Platin PT 100 gemessen. Der sich mit der Temperatur ändernde Widerstand des Thermoelements wird mittels eines Digitalwandlers ausgewertet und in eine Spannung gewandelt, welche sich über die für das Thermoelement typische Kalibrierungskurve in eine Temperatur umrechnen lässt. Eine weitere Verarbeitung des Temperatursignals erfolgt bei der in Kap. 6.4.2 beschriebenen Hitzdrahtanemometrie, in der das Temperatursignal in die Auswerteeinheit eingelesen und direkt weiterverarbeitet wird.

6.4.2 Konstant-Temperatur-Hitzdrahtanemometrie

Um das Übertragungsverhalten von Helmholtz-Resonatoren (einfach/gekoppelt) als Amplituden- und Phasenfrequenzgänge zu bestimmen, ist es notwendig, den sich zeitlich ändernden Massenstrom am Ein- und Austritt des Resonators/Systems zu erfassen. Eine Anforderung an die verwendete Messtechnik ist deshalb, dass sie in der Lage ist, zeitlich-periodische Änderungen des Massenstroms eine Größenordnung höher auflösen zu können als die maximal aufgeprägten Frequenzen ($f_{Puls,max}$). Es können mit der Hitzdrahtanemometrie jedoch nicht direkt Massenströme detektiert werden, sondern es werden Momentanwerte der Hitzdrahtbrückenspannung $U_{HD}(t)$ (Beispiel in Abb. 6.2) auf den Symmetrieachsen von Einlassdüse, Resonatorhals und Abgasrohr mittels Hitzdrahtsonden detektiert, womit über eine Kalibrierfunktion Momentanwerte der Geschwindigkeit $u(t)$ des Fluids bestimmt werden. Den so ermittelten Geschwindigkeitssignalen können unter Annahme eines bekannten Geschwindigkeitsprofils (Annahme eines Blockprofils) Massenströme (Mittel- und Schwankungswerte) zugeordnet werden. Bei den vorgestellten Untersuchungen wurden die Hitzdrähte im Konstant-Temperatur-Anemometer-(CTA-)Modus betrieben, womit es möglich ist, Schwankungsgrößen in einer ausreichenden zeitlichen Auflösung zu detektieren, um den interessierenden Frequenzbereich bis 200 Hz zu untersuchen. Der Hitzdraht, der aus Wolframdraht mit einer Dicke von $d_{HD} = 5\mu m$ besteht, wird auf eine konstante Oberflächentemperatur T_{HD} geregelt. Der elektrische Strom, der zum Beheizen des Hitzdrahtes nötig ist, wird als Spannungsänderung in einer Wheatstonschen Brückenschaltung abgeglichen. Der umströmte Hitzdraht wird aufgrund des konvektiven Wärmetransports, der proportional zur Umströmungsgeschwindigkeit ist, abgekühlt und die zum Konstanthalten der Hitzdrahttemperatur notwendige elektrische Leistung ist gleich der konvektiv abgeführten Wärmeleistung. Somit ist es möglich über den bekannten Widerstand des Hitzdrahtes R_{HD} die Brückenspannung für jeden Zeitpunkt zu bestimmen. Die Abhängigkeiten zur Ermittlung sind in folgender Formel zusammengefasst:

$$\dot{Q}_{konv}(t) = \alpha(t) \cdot A_{HD} \cdot \Delta T_{HD-Fluid} \approx P_{el}(t) = U_B(t) \cdot I_{HD}(t) = \frac{1}{R_{HD}} \cdot U_B^2(t) \quad (6.1)$$

mit

$$\alpha(t) = F\left(\lambda_{Fl}, u_{eff}, T_{Fl}, \Delta T_{HD-Fl}, Geometrie\right). \quad (6.2)$$

Aufgrund der Abhängigkeit der Brückenspannung von der Geometrie des Hitzdrahtes und den Fluideigenschaften ist es notwendig, vor jeder Messung eine Kalibrierung des Hitzdrahtes vorzunehmen, um den ermittelten Brückenspannungen Strömungsgeschwindigkeiten zuordnen zu können. Wichtig ist bei diesen Messungen, dass keine übermäßigen Temperaturänderungen während der Kalibrierung und Messung vorliegen, da zwar die Temperatur des Fluides ermittelt wird, aber je stärker die Temperatur im Vergleich zum Zeitpunkt der Kalibrierung abweicht, desto größer wird der systematische Messfehler, der durch ein möglichst konstantes Temperaturniveau innerhalb einer Messreihe gering gehalten werden kann.

6.4.3 Druckmesstechnik mit Kondensatormikrofonen

Der Wechselanteil des statischen Druckes im Resonator $\tilde{p}_{Resonator}$ wird mit Hilfe von Kondensatormikrofonen gemessen, wobei es bei Messungen unter Verbrennungsbedingungen zum Schutz des empfindlichen Mikrofons vor Überhitzung und um Unterschiede durch eine Veränderung der Schallgeschwindigkeit vor dem Mikrofon durch eindiffundierendes Rauchgas zu verhindern, notwendig ist, eine wassergekühlte Mikrofonsonde vorzuschalten, die zusätzlich mit einem sehr geringen N_2-Spülgasstrom gespült wird.

Die thermostatisierte und mit Inertgas (Stickstoff) gespülte Druckmesssonde weist im Frequenzbereich von 10 Hz bis ca. 250 Hz - also im interessierenden Frequenzbereich der Untersuchungen - ein lineares Übertragungsverhalten auf. Am

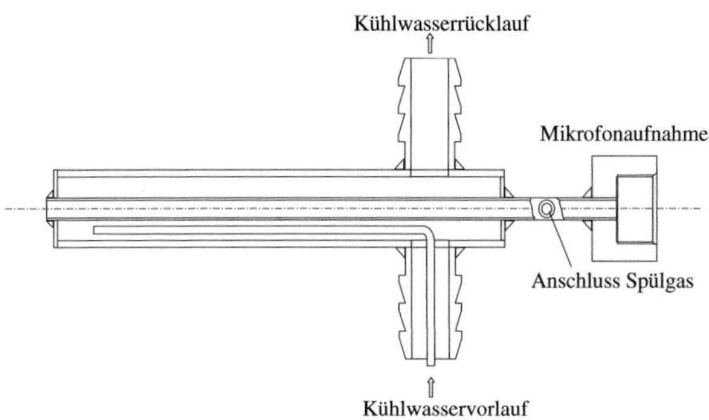

Abb. 6.11: Thermostatisierbare Druckmesssonde zur Vorschaltung vor eine Kondensatormikrofonkapsel

Ende der thermostatisierten Druckmesssonde ist ein Kondensatormikrofon eingeschraubt. Die verwendeten Kondensatormikrofone des Herstellers *Bruel&K jaër* weisen im Frequenzbereich von 10 Hz bis 2 kHz ein lineares Übertragungsverhalten auf und beruhen auf dem Prinzip, dass eine sehr dünne Metallfolie (Dicke 5 μm), in ihrem Abstand zu einer Grundplatte durch Druckschwankungen ausgelenkt wird. Die daraus resultierende Kapazitätsänderung eines Kondensators stellt ein Maß für die Stärke der Druckschwankung dar. Über einen zu Beginn einer Messreihe zu ermittelnden Kalibrierfaktor lässt sich die erhaltene Änderung der Spannung in eine Druckschwankung umrechnen, wobei zur Darstellung des Wechselanteils des Druckes $\tilde{p}$ üblicherweise die Einheit Pa_{rms} verwendet wird [77].

7 Ergebnisse

In diesem Kapitel werden die Ergebnisse der experimentellen Untersuchungen der im Kap. 6 dargestellten Messaufbauten präsentiert und die gewonnenen Erkenntnisse mit den Vorhersagen des physikalischen Modells zum Übertragungsverhalten einfacher und gekoppelter Helmholtz-Resonatoren verglichen. Die Abfolge der Ergebnisse ist zweigeteilt: Zunächst werden Untersuchungen des Übertragungsverhaltens von Einfach-Helmholtz-Resonatoren gezeigt, wobei zum einen die Eignung der gewählten Konfigurationen für die Untersuchungen komplexer Verbrennungssysteme nachgewiesen wird und zum anderen sollen noch Fragestellungen zum Einfluss von Oberflächeneigenschaften sowie des mittleren Brennkammerdruckes auf das Resonanzverhalten einfacher Helmholtz-Resonatoren geklärt werden. Damit soll es möglich sein, ein umfassendes Verständnis zum Einfluss des Bauteils Brennkammer auf die Ausbildung von selbsterregten Druck-/ Flammenschwingungen in technischen Verbrennungssystemen zu erreichen und auch eine sichere Übertragung von Ergebnissen aus atmosphärischen Messungen auf die druckaufgeladenen Bedingungen bei Gasturbinen- oder Fluggasturbinen-Brennkammern zu ermöglichen.

Im zweiten Teil der Untersuchungen werden gekoppelte Systeme, die aus zwei Resonatoren vom Helmholtz-Resonator-Typ bestehen, die druckweich miteinander verbunden sind, untersucht, um festzustellen, wie sich bei Kombination bekannter Einfach-Systeme die Übertragungseigenschaften des gekoppelten Systems verhalten. Hauptziel ist es, die Vorhersagen des in Kap. 5.2 vorgestellten physikalischen Modells zur Beschreibung des frequenzabhängigen Übertragungsverhaltens gekoppelter Systeme zu verifizieren und nachzuweisen, inwieweit mit Hilfe des Modells das Auftreten niederfrequenter Verbrennungsschwingungen in realen Systemen verlässlich vorhersagbar ist. Eine wichtige Frage war schlussendlich, inwieweit die Ergebnisse aus den Untersuchungen des Resonanzverhaltens unter isothermen Bedingungen auf ein Verbrennungssystem, das mit voll-vorgemischter Flamme betrieben wird, übertragbar sind und ob die Resonanzfrequenzen sowohl der Brennkammer als auch des Brennergehäuses, die mit dem Modell vorhergesagt werden, durch Variation der Betriebsparameter der Vormisch-Flamme mittels selbsterregter Verbrennungsinstabilitäten tatsächlich anregbar sind. Schlussendlich soll ein Werkzeug zur Verfügung gestellt werden, womit das Auftreten selbsterregter Verbrennungsinstabilitäten in realen Vormisch-Verbrennungssystemen vorhergesagt werden kann, um somit beispielsweise in Auslegungs- und Planungsphasen bereits eine Stabilitätsanalyse hinsichtlich niederfrequenter Verbrennungsschwingungen des Verbrennungssystems bestehend aus Brenner-Flamme-Brennkammer durchführen zu können.

7.1 Messung des frequenzabhängigen Übertragungsverhaltens von Resonatoren vom Helmholtz-Resonator-Typ

Im ersten Schritt wird experimentell das Übertragungsverhalten **einfacher** Helmholtz-Resonatoren bei isothermer Durchströmung ermittelt. Hierbei wird direkt der Vergleich zu den Ergebnissen, die mit Hilfe der Modellvorstellungen (Kap. 5.1) gewonnen wurden, gezogen. Für sämtliche Einfach-Helmholtz-Resonatoren lässt sich die reibungsfreie Eigenkreisfrequenz ω_0 nach Gl. 5.4 berechnen. Wie bereits in umfangreichen Arbeiten auf dem Gebiet der Einfach-Helmholtz-Resonatoren gezeigt wurde, führen Dämpfungseffekte und eine Erhöhung der tatsächlich im Abgasrohr schwingenden Masse in realen, dämpfungsbehafteten Resonatoren zu einer systematischen Abweichung zwischen der reibungsfrei berechneten Eigenkreisfrequenz ω_0 und der dämpfungsbehafteten Resonanzfrequenz ω_{res} des realen Systems [20], [4]. Die Eigenkreisfrequenz wird mit Hilfe der Ruheschallgeschwindigkeit c_0 des Fluids im Resonator berechnet, wozu die Temperatur des Fluids in der Brennkammer T_{Bk} während den Messungen kontinuierlich detektiert wurde, um den Einfluss des Parameters Temperatur v.a. bei Untersuchungen unter Verbrennungsbedingungen zu erfassen.

Die tatsächlich schwingende Masse im Abgasrohr lässt sich nach einem Vorschlag von [85] mit Hilfe einer Längenkorrektur des Abgasrohres korrekt bestimmen und somit ist die tatsächliche Resonanzfrequenz genau vorhersagbar:

$$\Delta l_{AR} = \frac{\pi}{4} \cdot d_{AR}. \tag{7.1}$$

Um nun das Amplitudenverhältnis und den Phasenfrequenzgang des Resonators zu ermitteln, werden mittels Hitzdrahtanemometrie stationäre und instationäre Anteile des Massenstroms an der Einlassdüse (Messwerte $\bar{m}_{ein}$ und $\hat{m}_{ein}$) und am Ende des Abgasrohres (Messwerte $\bar{m}_{aus}$ und $\hat{m}_{aus}$) bestimmt. Bei den anschließenden Messungen wird zur Charakterisierung der Stärke der sinusförmigen Schwankung des eintretenden Massenstroms der Pulsationsgrad Pu nach folgender Definition bestimmt:

$$Pu = \frac{\dot{m}_{rms}}{\bar{\dot{m}}} = \frac{u_{rms}}{\bar{u}} = \frac{\hat{u}}{\bar{u} \cdot \sqrt{2}}. \tag{7.2}$$

Mit diesen Messwerten und Kenngrößen ist es möglich, das Übertragungsverhalten eines einfachen Helmholtz-Resonators in Abhängigkeit der durch den Pulsator vorgegebenen - und stufenlos im Bereich 1-300 Hz einstellbaren - Anregungsfrequenz f_{Puls} zu charakterisieren.

7.1.1 Vergleich von gemessenen Resonanzkurven von Einfach-Helmholtz-Resonatoren mit Vorhersagen des physikalischen Modells

In diesem Kapitel wird beispielhaft die zylindrische Brennkammer vom Typ des einfachen Helmholtz-Resonators gezeigt, die später in Kap. 7.2 für Untersuchungen gekoppelter Resonator-Systeme verwendet und dort um weitere schwingungsfähige Anbauteile erweitert wird.

Mit den geometrischen Größen der Brennkammer, die in Tab. 7.1 zusammengefasst sind, berechnet sich die Eigenkreisfrequenz des ungedämpften Schwingers $\omega_0 = 280$ Hz, was einer Eigenfrequenz $f_0 = 45$ Hz entspricht. Die Anregung erfolgt mit Hilfe des Pulsators, der den eintretenden Massenstrom mit einem Pulsationsgrad Pu ≈ 30 % (vgl. Gl. 7.2) sinusförmig anregt. Anschließend strömt der Mas-

Länge Brennkammer	Durchmesser Brennkammer	Länge Abgasrohr	Durchmesser Abgasrohr
l_{Bk}	D_{Bk}	l_{AR}	D_{AR}
0.5 m	0.3 m	0.225 m	0.08 m

Tab. 7.1: Geometrie Brennkammer

senstrom durch eine Viertelkreisdüse $d_{Düse} = 20\,mm$, wodurch am Düsenaustritt ein nahezu kolbenförmiges Geschwindigkeitsprofil erreicht wird, in den Resonator ein.

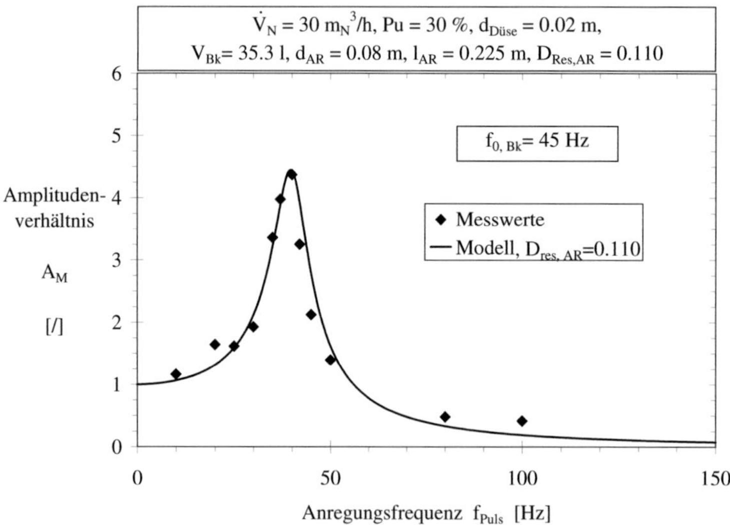

Abb. 7.1: Amplitudenverhältnis des einfachen, dämpfungsbehafteten Helmholtz-Resonators (zylindrische Brennkammer mit Abgasrohr, Abb. 6.1)

In Abb. 7.1 ist das Amplitudenverhältnis der beschriebenen Brennkammer dargestellt. Man erkennt den typischen Verlauf eines Amplitudengangs eines Resonators vom Helmholtz-Resonator-Typ. Bei sehr niedrigen Frequenzen weisen eintretende und austretende Massestromschwankung die gleiche Größenordnung auf, was ein Amplitudenverhältnis von $A_M \approx 1$ ergibt. Ab einer Anregungsfrequenz f_{Puls} von etwa 30 Hz ist ein deutlicher Anstieg des Amplitudenverhältnisses zu erkennen, welches sein Maximum beim Erreichen der Resonanzfrequenz f_{Res} aufweist, d.h. beim Erreichen der Resonanzfrequenz wird die eintretende Massestromschwankung maximal verstärkt und führt somit zu einem maximalen Anstieg des Brennkammerdruckes $\hat{p}_{Bk}$ und in der Folge zu einer maximalen Massenstromschwankung am Austritt $\hat{m}_{AR,aus}$. Bei Anregungsfrequenzen, die höher als die Resonanzfrequenz des Systems sind ($f_{Puls} > f_{Res}$), fällt die Höhe des Amplitudenverhältnisses immer mehr ab und nähert sich bei sehr großen Anregungsfrequenzen an Werte nahe 0 an. In Abb. 7.1 ist außerdem der mittels des in Kap. 5.1 dargestellten Modells berechnete Amplitudengang aufgetragen und man kann eine sehr gute Übereinstimmung zwischen dem berechneten und experimentell ermittelten Verlauf feststellen. Die ermittelte Resonanzfrequenz liegt bei f_{Res} = 40 Hz und die Höhe des Amplitudenverhältnisses beträgt A_M = 4.43, was bei der untersuchten Konfiguration einen Dämpfungsparameter D_{Res} = 0.113 ergibt. Die ermittelte Resonanzfrequenz ist etwa 5 Hz niedriger als der berechnete Wert für den dämpfungsfreien Schwinger (Kap. 5.1).

Die Hitzdrahtsignale 1 und 2 (Nomenklatur gemäß Abb. 6.1) ergeben den zeitlichen Zusammenhang bzw. die zeitliche Verzögerung τ, die zwischen der eintretenden und austretenden Massenstromschwankung liegt. Der zeitliche Zusammenhangs wird nach Gl. 5.8 als Phasenverschiebung zwischen ein- und austretendem Massenstrom $\varphi_{\dot{m}_{aus}-\dot{m}_{ein}}$ dargestellt. In Abb. 7.2 ist der Verlauf des Phasenfrequenzgangs der Brennkammer mit Abgasrohr aufgetragen. Der Verlauf beginnt mit einem Phasenwinkel von 0° bei sehr niedrigen Frequenzen, dem Absinken auf einen Wert von $\varphi_{\hat{m}_{rms,aus}-\hat{m}_{rms,ein}}$ = -90° bei Erreichen der Resonanzfrequenz. Bei der Resonanzfrequenz ist ein Wendepunkt vorhanden und damit handelt es sich um das charakteristische Resonanzverhalten eines Helmholtz-Resonators. Bei Frequenzen, die oberhalb der Resonanzfrequenz f_{Res} = 40 Hz liegen, nähert sich der Wert des Phasenwinkels asymptotisch -180°. Dieser Verlauf lässt sich sowohl im Experiment als auch durch das Modell darstellen und es ergibt sich - ebenso wie beim Amplitudenverhältnis - eine sehr gute Übereinstimmung gemessener und berechneter Werte über den gesamten Frequenzbereich.

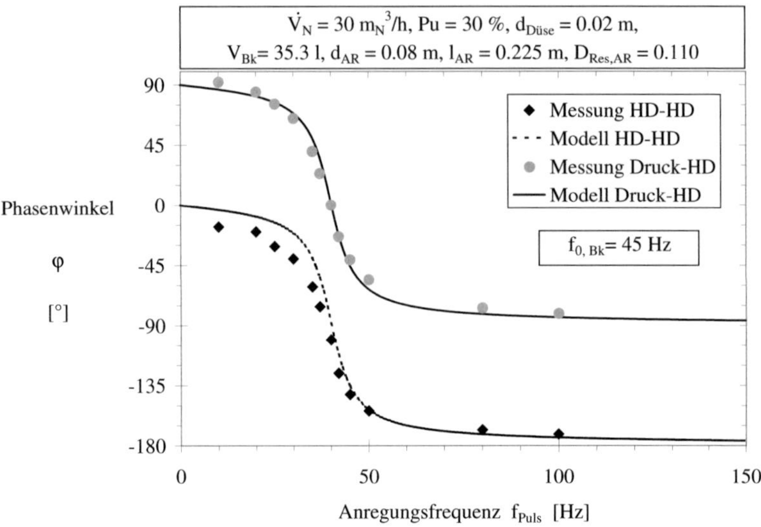

Abb. 7.2: Phasenfrequenzgang des einfachen, dämpfungsbehafteten Helmholtz-Resonators (zylindrische Brennkammer mit Abgasrohr, siehe Abb. 6.1)

Somit kann mit einer Anordnung des einfachen Helmholtz-Resonators (zylindrische Brennkammer mit Abgasrohr ohne zusätzliche Einbauten) beispielhaft das frequenzabhängige Übertragungsverhalten eines Resonators vom Helmholtz-Resonator-Typ gezeigt werden und die Vorgehensweise verdeutlicht werden, wie die Einzelbauteile vor der Verschaltung zu komplexen, gekoppelten Systemen untersucht werden, um die Resonanzeigenschaften der Einzelresonatoren vollständig zu charakterisieren, wobei das Resonanzverhalten mit einem physikalischen Modell des einfachen Helmholtz-Resonators beschrieben werden kann, was eine rechnerische Vorhersage des Übertragungsverhaltens bei Kenntnis des Dämpfungsparameters aus dem Experiment, der möglichen Skalierung dieses bekannten Paramters oder aus der Simulation (beispielsweise Large-Eddy-Simulation) ermöglicht.

7.1.2 Einfluss der Wandrauigkeit auf das Resonanzverhalten eines Einfach-Helmholtz-Resonators

Bei den Untersuchungen von Resonatoren vom Helmholtz-Resonator-Typ ist aus der Literatur bekannt, wie die Temperatur des Fluids und die geometrischen Parameter den Dämpfungsparameter D bzw. D_{Res} beeinflussen [20], [4]. Allerdings gibt es noch offene Fragestellungen hinsichtlich des Einflusses der Oberflächenbeschaffenheit des Abgasrohres bei einem Einfach-Helmholtz-Resonator auf das Übertragungsverhalten.

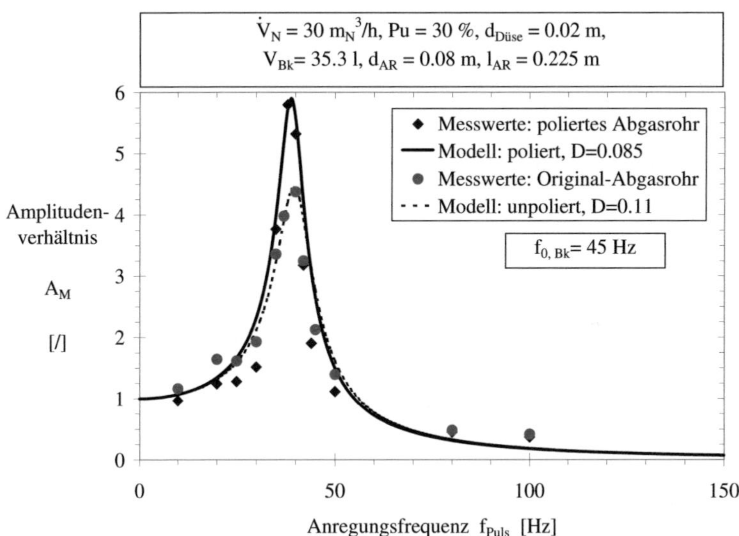

Abb. 7.3: Abhängigkeit des Dämpfungsmaßes D_{Res} von der Wandrauigkeit des Abgasrohres

In Abb. 7.3 sind Ergebnisse zur Ermittlung der Abhängigkeit des Dämpfungsmaßes D_{Res} von der Oberflächenbeschaffenheit des Abgasrohres dargestellt. Für die Untersuchungen wurde derselbe Versuchsaufbau wie in Kap. 7.1 verwendet. Variiert wurde ausschließlich die Oberflächenbeschaffenheit des Abgasrohres, wodurch die Höhe der Dämpfung verändert werden konnte. Bislang gab es noch keine Abschätzung hinsichtlich der Oberflächenbeschaffenheit, die durch unterschiedliche Bearbeitungsmethoden oder die Art des Materials (Metall, Plexiglas, etc.) sehr unterschiedlich auf die wandnahe Grenzschicht wirken können. In dieser Arbeit wurde in einer ersten Versuchsreihe ein spanend bearbeitetes Abgasrohr verwendet (Abb. 7.3, Symbol: Punkte) und in einer zweiten Versuchsreihe ein Abgasrohr mit identischer Länge und Durchmesser, jedoch mit einer polierten Oberfläche untersucht (Abb. 7.3, Symbol: Raute). Beim verwendeten Werkstoff handelte es sich in beiden Fällen um Edelstahl 1.4301. Die ermittelten Werte für das Dämpfungsmaß im Resonanzfall liegen im Fall der Konfiguration mit dem Original-Abgasrohr (spanend bearbeitet) bei $D_{Res,0} = 0.110$ und bei der Konfiguration mit dem polierten Abgasrohr bei $D_{Res,0} = 0.085$. Diese auf den ersten Blick klein erscheinende Differenz des Dämpfungsparameters bewirkt bei der Amplitudenhöhe im Resonanzfall eine Differenz von $\Delta A_M \approx 1.5$.

Die Oberflächenbeschaffenheit wird folgendermaßen quantitativ abgeschätzt [6]: Die Wandrauigkeit k des spanend bearbeiteten Bauteils beträgt $k = 40\mu m$, bei der polierten Oberfläche ist $k = 4\mu m$. Die Reynoldszahl im Abgasrohr wird nach Gl. 2.3 zu $Re_{AR} \approx 10000$ berechnet und bei einer Grenzschichtdicke im schwingenden Fall von $\delta \approx 0.245$ mm ([6], [99]) kann ein hydraulisch glattes Rohr für beide Konfigurationen angenommen werden. Deshalb lässt sich in erster Näherung die Rohrreibungszahl λ nach folgender Formel von BLASIUS abschätzen:

$$\lambda = 0.3164/\sqrt[4]{Re} = 0.033. \qquad (7.3)$$

Für die Erklärung der unterschiedlichen Dämpfungsmaße D_i mit $D_{Res,poliert} = 0.085$ und $D_{Res,spanend} = D_{Res,0} = 0.11$ müssen die Rohrreibungskennzahlen jedoch genauer bestimmt werden, was nach [42] und [90] zu folgender Abhängigkeit zwischen Dämpfungsmaß und Oberflächenbeschaffenheit, in diesem Fall der Wandrauigkeit, charakterisiert durch die Rohrreibungszahl λ, führt:

$$\frac{D_{Res,pol}}{D_{Res,0}} = \frac{0.085}{0.11} \propto \frac{\lambda_{pol}}{\lambda_0}. \qquad (7.4)$$

Mit Hilfe der genannten Abschätzung der Wandrauigkeiten ergibt sich für das Verhältnis der Rohrreibungszahlen in Gl. 7.4 ein Zahlenwert von $\lambda_{pol}/\lambda_0 = 0.84$, das Verhältnis der Dämpfungsparameter ist 0.77, was einem Fehler von 9 % entspricht. Mit der groben Abschätzung der Oberflächenbeschaffenheit, die durch Messungen genau bestimmbar ist, kann der festgestellte Fehler weiter verringert werden. Es wurde jedoch eine Möglichkeit gefunden, die es ermöglicht unter Berücksichtigung der Oberfächenbeschaffenheit (Material, Rauigkeit, Strömungsgeschwindigkeiten), den Dämpfungsparameter zu skalieren, um somit das Modell auch bei geänderten Randbedingungen anwenden zu können.

7.1.3 Beheizung der Wandgrenzschicht des Abgasrohres beim einfachen Helmholtz-Resonator

In Kap. 5.1.2 wurde in Gl. 5.9 bereits dargestellt, von welchen Einflussgrößen die integrale Größe Dämpfungsparameter D als Maß der Schwingungsdämpfung abhängt. Bei der Berücksichtigung, welche der Größen temperaturabhängig sind, verbleibt lediglich die kinematische Viskosität v, und somit kann die Temperaturabhängigkeit von D folgendermaßen beschrieben werden:

$$\bar{D} \propto \sqrt{\frac{\eta}{\rho}} \propto \sqrt{T_{GrenzschichtAR}} \propto T^{0.5}. \tag{7.5}$$

Diese Abhängigkeit ist aus [20] als Abhängigkeit im Resonanzfall bekannt, allerdings wurde bei den durchgeführten, experimentellen Untersuchungen der gesamte Fluidstrom aufgeheizt, wodurch es eine Verschiebung der Resonanzfrequenz f_{Res} aufgrund der veränderten Ruheschallgeschwindigkeit des Fluids $c_0(T_{Fluid})$ gibt, was bei den im Rahmen der hier vorgestellten Arbeit durchgeführten Untersuchungen an Einfach-Helmholtz-Resonatoren durch die ausschließliche Beheizung der Wandgrenzschicht im Abgasrohr verhindert werden konnte.

In Abb. 7.4 sind die Ergebnisse der experimentellen Untersuchungen mit einem unbeheizten Abgasrohr (Symbol: Raute) und von Untersuchungen bei Änderung der Wandtemperatur des Abgasrohres (Symbol: Punkt) dargestellt. Durch die ausschließliche Beheizung der Abgasrohrwand hat sich die dämpfungsfreie Eigen-

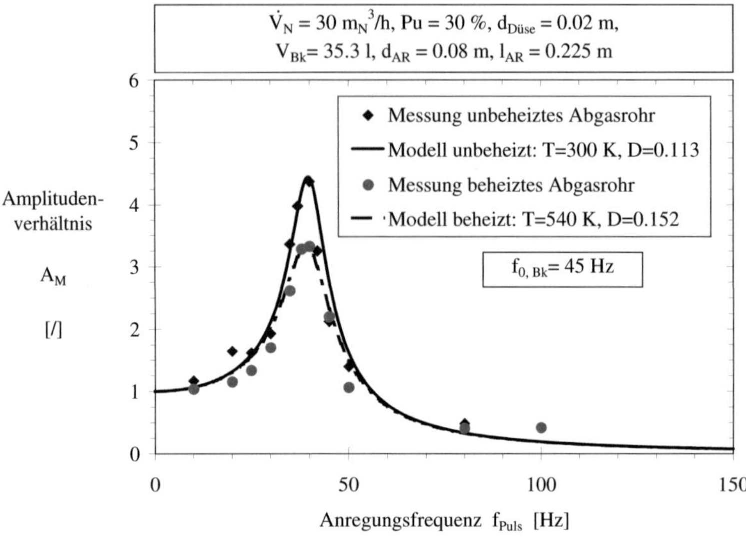

Abb. 7.4: Amplitudenverhältnis identischer Helmholtz-Resonatoren mit unterschiedlich temperierten Abgasrohren

kreisfrequenz des Resonators $\omega_0 = 280$ Hz ($\hat{=} f_0 = 45$ Hz) nicht geändert, allerdings wurde die Wandtemperatur des Abgasrohres mittels eines Wärmeträgeröls von $T_1 = 300$ K auf $T_2 = 540$ K erhöht. Hierbei sinkt das massenbezogene Amplitudenverhältnis von $A_M(T_1 = 300K) = 4.37$ auf $A_M(T_2 = 540K) = 3.39$ bei einer Resonanzfrequenz $f_{Res} = 40$ Hz, die sich aufgrund der Änderung des Dämpfungsparameters nur um den rechnerischen Wert von 0.5 Hz verschiebt. Bei der Betrachtung des Modells ergibt sich für den Dämpfungsparameter bei der Temperatur $T_1 = 300$ K ein Wert von D(300 K) = 0.113. Das Skalierungsgesetz 7.5 ergibt einen rechnerischen Wert für D(540 K) = 0.152. Die in Abb. 7.4 eingetragene Modellkurve für den Fall der Temperatur $T_2 = 540$ K stimmt genau mit den Ergebnissen des experimentell ermittelten Amplitudenganges überein, wodurch eindeutig nachgewiesen werden konnte, dass die Temperaturerhöhung - sei es durch Luftvorwärmung oder Verbrennung - ausschließlich in der Grenzschicht des Abgasrohres wirkt und somit auch die Vorgehensweise der ausschließlichen Temperierung der Grenzschicht im Abgasrohr beim gleichzeitigen Vorteil der unveränderten Resonanzfrequenz zulässig ist und die Dämpfung D_{Res} sich nach der Gesetzmäßigkeit 7.5 skalieren lässt.

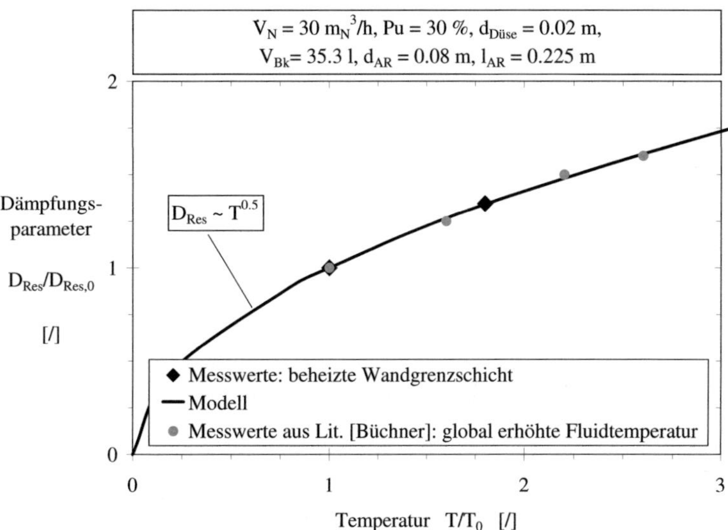

Abb. 7.5: Skalierungsgesetz für den Dämpfungsparameter D in Abhängigkeit der Grenzschichttemperatur

Mit dem Nachweis, dass die Grenzschichtaufheizung zulässig und skalierbar ist, kann der Verlauf des Dämpfungsparameters D dimensionslos gegenüber einer dimensionslosen Temperatur aufgetragen werden, was unter Verwendung von $T_0 = 300$ K und $D_0 = 0.113$ zur Skalierungskurve in Abb. 7.5 führt.

Das Skalierungsgesetz konnte durch eigene Messungen und Daten aus der Literatur [20] bestätigt werden. Trotz der Unterschiede in der Aufheizung der Grenzschicht, die bei den Untersuchungen in der Literatur durch eine Aufheizung des gesamten Fluids erreicht wurde und bei den Messungen im Rahmen dieser Arbeit durch eine Änderung der Wandtemperatur des Abgasrohres realisiert wurde, wurden identische Dämpfungseigenschaften und damit identische Amplitudenüberhöhungen im Resonanzfall ermittelt. Somit konnte nachgewiesen werden, dass sich der Temperatureinfluss auf die Grenzschicht im Abgasrohr beschränkt und an dieser Stelle der Dämpfungsparameter durch die Temperaturabhängigkeit der dynamischen Viskosität beeinflusst wird und damit aufgrund der Kenntnis der physikalischen Zusammenhänge der dynamischen Viskosität des Fluids skalierbar ist.

7.1.4 Untersuchungen zum Einfluss des mittleren Brennkammerdrucks auf das Übertragungsverhalten des einfachen Helmholtz-Resonators

Ein Problem der Übertragbarkeit von Messungen im Modellmaßstab auf reale Systeme stellt häufig der im Vergleich zum Modell-Experiment stark erhöhte Betriebsdruck bei technischen Anwendungen vor allem im Bereich der Fluggas-/Gasturbinenverbrennung dar. Experimente unter erhöhtem Druck sind jedoch konstruktiv sehr anspruchsvoll und in der Folge auch finanziell eine Herausforderung. Deshalb ist es ein Ziel dieser Arbeit, Möglichkeiten und Wege zu finden, die aus Messungen unter atmosphärischen Bedingungen gewonnenen Ergebnisse mittels geeigneter Skalierungsgesetze auf höhere Druckstufen zu übertragen. Aus diesem Grund wurde eine Versuchsanordnung konstruiert, die Untersuchungen einer Brennkammer vom Typ des einfachen Helmholtz-Resonators mit einem mittleren Brennkammerdruck von $\bar{p}_{Bk,stat} = 1 - 7$ bar ermöglicht. Zur Absicherung der Ergebnisse wurde bei der Bestimmung der Frequenzgänge sowohl das aus dem Wechselanteil des Brennkammerdruckes $\tilde{p}_{Bk}$ als auch das mit dem Wechselanteil des Massenstroms, der das Abgasrohr verlässt, $\hat{m}_{AR,aus}$ jeweils mit dem Wechselanteil des eintretenden Massenstroms $\hat{m}_{ein}$ gebildete druckbezogene Amplitudenverhältnis A_D bzw. das massebezogene Amplitudenverhältnis A_M für unterschiedliche Druckstufen betrachtet (Versuchsaufbau in Kap. 6.1.2, Abb. 6.3).

Die geometrischen Daten der bei erhöhtem Betriebsdruck $\bar{p}_{Bk}$ untersuchten Brennkammer vom Typ des einfachen Helmholtz-Resonators sind in Tab. 7.2 zusammengefasst. In Abb. 7.6 ist der später als Referenzfall verwendete Betriebspunkt unter atmosphärischen Betriebsbedingungen aufgetragen. Es sind die experimentellen

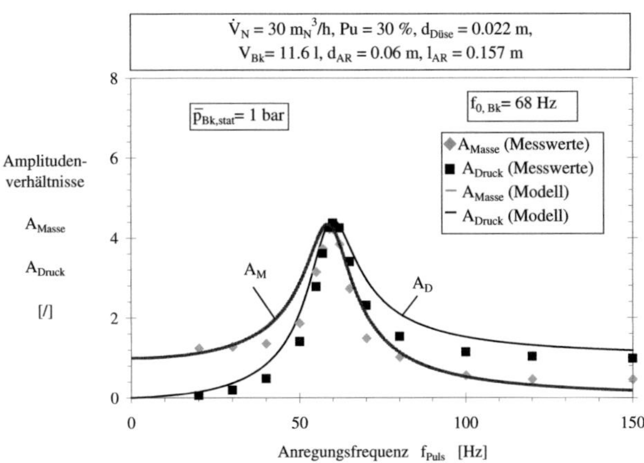

Abb. 7.6: Amplitudenverhältnis des einfachen Helmholtz-Resonators unter atmosphärischen Druckbedingungen ($\bar{p}_{Bk,stat} = 1$ bar)

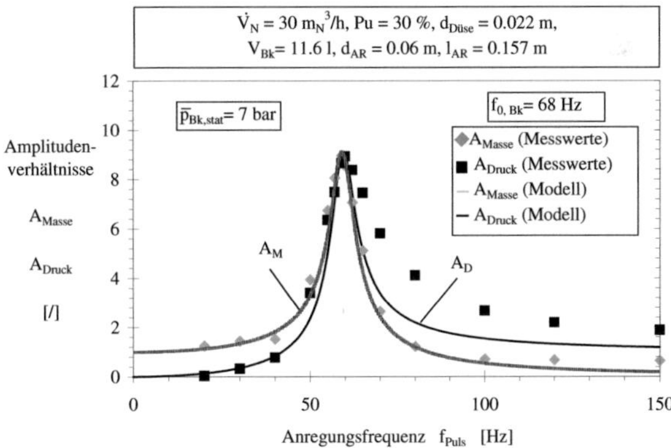

Abb. 7.7: Amplitudenverhältnis des einfachen Helmholtz-Resonators unter erhöhtem Betriebsdruck ($\bar{p}_{Bk,stat} = 7$ bar)

Volumen Brennkammer	Durchmesser Abgasrohr	Länge Abgasrohr	Volumen Ausgleichsbehälter
V_{Bk}	D_{AR}	l_{AR}	V_{AB}
11,6 l	0.157 m	0.06 m	1200 l

Tab. 7.2: Geometrie der Brennkammer für Untersuchungen unter erhöhtem mittleren Betriebsdruck (vgl. Abb. 6.3)

Befunde der Amplitudenverhältnisse A_M und A_D sowie die errechneten Ergebnisse des Modells des einfachen Helmholtz-Resonators dargestellt. Es zeigt sich wie bereits in früheren Untersuchungen [20], dass in das Modell des einfachen, gedämpften Helmholtz-Resonators ein konstanter Zahlenwert des Dämpfungsparamters D verwendet wird und dadurch das Modell die tatsächliche Dämpfung für $\omega > \omega_{Res}$ unterschätzt wird (höhere Amplituden). In Abb. 7.7 ist für die identische geometrische Anordnung das Ergebnis von Experiment und Vorhersage des Modells für den höchsten untersuchten Betriebsdruck von $p_{Bk,stat} = 7$ bar dargestellt. Man erkennt im direkten Vergleich, dass unter erhöhtem Betriebsdruck die Amplitudenverhältnisse ansteigen, was ein Absinken der Schwingungsdämpfung bedeutet. Im Frequenzbereich oberhalb der Resonanzfrequenz $\omega > \omega_{Res}$ zeigt sich unter erhöhtem Betriebsdruck ein entgegengesetztes Bild zu den Ergebnissen unter atmosphärischen Druckbedingungen. Das Modell überschätzt die Dämpfung in diesem Frequenzbereich und zeigt somit zu niedrige Amplituden, was jedoch im Rahmen dieser Arbeit nicht weitergehend untersucht werden sollte. In Tab. 7.3 sind die Amplitudenverhältnisse (Mittelwert aus A_{Druck} und A_{Masse}, die bei sämtlichen Druckstufen eine maximale Abweichung von 5 % aufweisen) aus den Experimenten und dem Modell dargestellt.

Es zeigt sich deutlich, dass es mit Hilfe der in Kap. 5.1.2 vorgeschlagenen Skalierung des Dämpfungsmaßes D tatsächlich möglich ist, das Übertragungsverhalten eines Einfach-Helmholtz-Resonators mit Kenntnis eines Wertes der Dämpfungskonstanten bei einer Anregungsfrequenz unter atmosphärischen Untersuchungsbedingungen mittels folgender Skalierung für erhöhte Betriebsdrücke vorherzusagen:

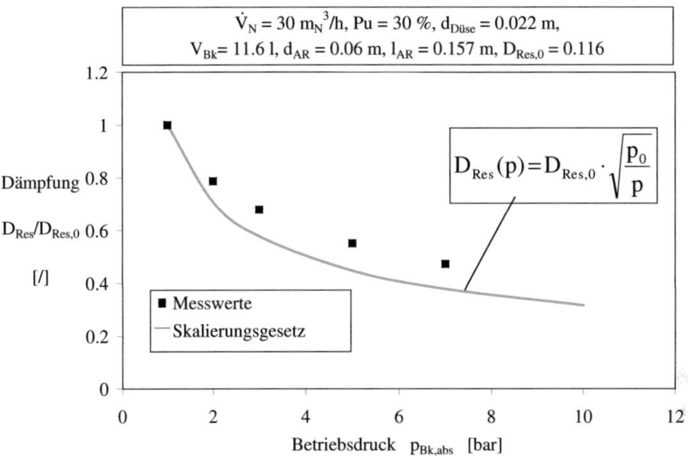

Abb. 7.8: Gemessene und berechnete Dämpfungsmaße in Abhängigkeit vom mittleren, statischen Betriebsdruck

$$\bar{D} \propto \sqrt{\nu} = \sqrt{\frac{\eta}{\rho}} \propto \sqrt{\frac{1}{\rho}} \propto \sqrt{\frac{1}{p}}. \tag{7.6}$$

Bei der Gegenüberstellung der experimentellen Ergebnisse mit den berechneten ergibt sich das in Abb. 7.8 dargestellte Bild. Die Vorhersage des Dämpfungsmaßes ist mit der Skalierung sehr gut möglich und es gelingt - vor allem bei der Berücksichtigung, dass bei sehr hohen Betriebsdrücken das Dämpfungsmaß gegen eine Asymptote läuft und die Änderungen damit immer geringer werden - Aussagen zum Resonanzverhalten einer Brennkammer bei Drücken für typische Anwendungen im Gasturbinenbereich zu treffen (p_{stat} bis 25 bar). Allerdings ist es sinnvoll in diesen hohen Druckbereichen einzelne Versuche zur Verifizierung durchzuführen, da die Annahme idealen Gasverhaltens in zu hohen Druckbereichen möglicherweise zu Abweichungen von den Modellannahmen führen kann, wenn man Druckbereiche oberhalb 80 bar erreicht.

Betriebsdruck $\bar{p}_{abs}$ [bar]	A_M [/]	$D_{Res,experimentell}$ [/]	$D_{Res,skaliert}$ [/]
1	4.3	0.116	0.116
2	5.5	0.092	0.082
3	6.3	0.079	0.067
5	7.8	0.064	0.052
7	9.1	0.055	0.044

Tab. 7.3: Gemessene und skalierte Amplitudenverhältnisse und Dämpfungsparameter bei Variation des mittleren, statischen Betriebsdruckes

7.2 Messung des frequenzabhängigen Resonanzverhaltens zweier gekoppelter Resonatoren

Zunächst werden die Untersuchungsergebnisse zum Übertragungsverhalten gekoppelter Systeme, die aus zwei gekoppelten Einfach-Helmholtz-Resonatoren bestehen und isotherm durchströmt werden, vorgestellt. Ziel der Untersuchungen ist es, das frequenzabhängige Resonanzverhalten von gekoppelten (Helmholtz-) Resonatoren zu verstehen und durch Validierung eines Modells zur Beschreibung des Übertragungsverhalten gekoppelter Systeme ein Vorhersage-Tool zur Verfügung zu stellen, um in Planungs- und Konzeptphasen von verbrennungstechnischen Anlagen frühzeitig Probleme duch unerwünschte Druck-/Flammenschwingungen zu verhindern oder um eine gezielte Erzeugung von Schwingung zu erreichen. Die Untersuchungen wurden an der in Kap. 6.2 vorgestellten Versuchsanlage unter isothermen Strömungsbedingungen durchgeführt. Die Bezeichnungen der Einzelkomponenten sowie die Anordnung und Bezeichnung der Meßgrößen sind in Abb. 6.5 dargestellt. Variiert wurden bei den Untersuchungen das Volumen des Brennergehäuses V_{Br} sowie der Brennkammer V_{Bk} und - um die schwingende Masse im Abgasrohr zu verändern - die Länge des Abgasrohres l_{AR}. Durch die Veränderungen der geometrischen Größen gelingt es, die Eigenkreisfrequenzen der Einzelbauteile so aufeinander abzustimmen, dass diese in den bewusst gewählten Extremfällen einmal weit voneinander entfernt liegen ($\omega_{0,Br} = 603$ Hz, $\omega_{0,Bk} = 191$ Hz) und beim anderen Mal identisch sind ($\omega_{0,Br} = \omega_{0,Bk} = 278$ Hz). In Tab. 7.4 ist eine

Übersicht der ausgewählten geometrischen Anordnungen, deren frequenzabhängiges Übertragungsverhalten experimentell ermittelt wurde, dargestellt.

Nr.	Brenner: V_{Br} [l]	Brennkammer: V_{Bk} [l]	Abgasrohr: l_{AR} [mm]
1	7.42	35.34	225
2	35.44	35.34	225
3	23.65	35.34	125
4	23.65	76.03	125
5	7.42	76.03	225

Tab. 7.4: Geometrische Größen ausgewählter gekoppelter Systeme

Nr.	$\omega_{0,Br}$ [Hz]	$f_{0,Br}$ [Hz]	$\omega_{0,Bk}$ [Hz]	$f_{0,Bk}$ [Hz]
1	603	96	280	45
2	276	44	280	45
3	338	54	375	60
4	338	54	256	41
5	603	96	191	30

Tab. 7.5: Eigenkreis- und Eigenfrequenzen der Einfach-Helmholtz-Resonatoren

Bei den Berechnungen der Eigenkreisfrequenzen wurden als konstante Geometrieparameter die Größe des Resonatorhalses mit dem Durchmesser $d_{RH} = 60$ mm und der Länge $l_{RH} = 130$ mm sowie der Durchmesser des Abgasrohres mit $d_{AR} = 80$ mm verwendet. Zunächst wird die Untersuchung des frequenzabhängigen Übertragungsverhaltens der Konfiguration 1 aus Tab. 7.4 vorgestellt. Bei dieser Konfiguration liegen die Eigenfrequenzen der Einzelkomponenten für die Brennkammer bei $f_{0,Bk} = 45$ Hz und für den Brenner bei $f_{0,Bk} = 96$ Hz. Durch die Wahl der weit auseinanderliegenden Eigenfrequenzen soll im erste Schritt gezielt untersucht werden, wie zwei resonanzfähige Einzelsysteme als gekoppeltes System reagieren.

In Abb. 7.9 ist das Amplitudenverhältnis des gekoppelten Resonatorsystems dargestellt. Deutlich zu erkennen sind zwei Maxima, die eindeutig den Resonanzfrequenzen der einfachen Helmholtz-Resonatoren zuzuordnen sind. Bei der ersten

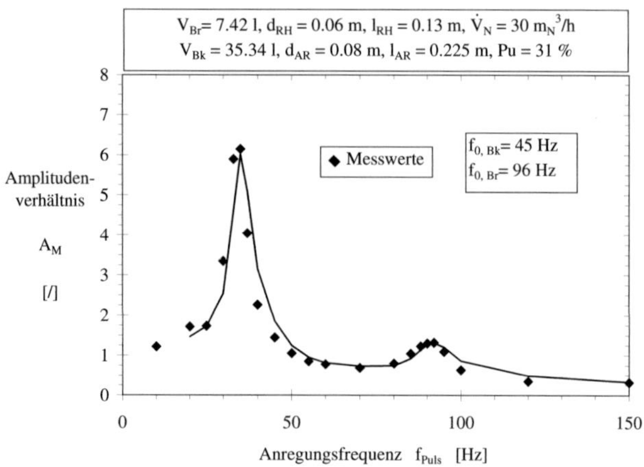

Abb. 7.9: Amplitudenverhältnis eines Resonatorsystems zweier gekoppelter Helmholtz-Resonatoren / Grenzfall 1: $f_{0,Bk} \ll f_{0,Br}$

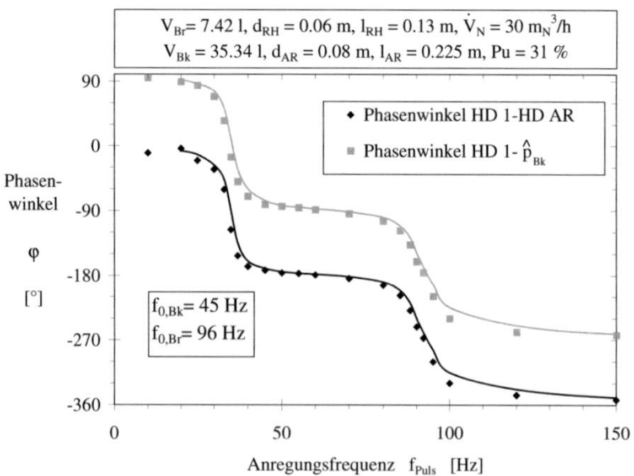

Abb. 7.10: Phasenfrequenzgang eines Resonatorsystems zweier gekoppelter Helmholtz-Resonatoren / Grenzfall 1: $f_{0,Bk} \ll f_{0,Br}$

Resonanzfrequenz $f_{Res,1} = 35$ Hz im Amplitudengang ist die Brennkammer in Resonanz und das Amplitudenverhältnis hat einen Wert von $A_M = 6.2$, d.h. die eintretende Massenstromschwankung der Einlassdüse strömt 6.2-fach verstärkt aus dem Abgasrohr aus. Anschließend sinkt das Amplitudenverhältnis stark ab, verläuft bei Frequenzen zwischen 50-85 Hz annähernd konstant bei 1 oder sogar darunter, um zu einem zweiten Maximum im Bereich der Eigenfrequenz des Brenners anzusteigen. Bei der Resonanzfrequenz von $f_{Res,2} = 92$ Hz liegt die zweite Resonanzüberhöhung im Amplitudenverhältnis bei $A_M = 1.3$. Somit konnten im Amplitudenverlauf des gekoppelten Systems eindeutig die Resonanzfrequenzen der beiden Helmholtz-Resonatoren nachgewiesen werden. Im Phasenverlauf, aufgetragen über der Anregungsfrequenz f_{Puls}, zum einen zwischen aus- und eintretendem Massenstrom $\varphi_{HD1-HD_{AR}} = \varphi_{\hat{\dot{m}}_{aus}-\hat{\dot{m}}_{ein}}$, zum anderen zwischen dem Brennkammerdruck und dem eintretenden Massenstrom $\varphi_{HD1-p_{Bk}} = \varphi_{\hat{\dot{m}}_{aus}-\hat{p}_{Bk}}$ zeigt sich ebenfalls das charakteristische Übertragungsverhalten zweier, gekoppelter Helmholtz-Resonatoren. In Abb. 7.10 ist dieser Verlauf des Phasenfrequenzgangs dargestellt und wie beim Amplitudenverhältnis sind die Resonanzfrequenzen der beiden Resonatoren Brennkammer und Brenner eindeutig wiederzufinden. Der Phasenwinkel zwischen den Hitzdrahtsignalen an der Einlassdüse und dem Abgasrohr hat bei sehr niedrigen Anregungsfrequenzen den Wert 0°, anschließend fällt der Phasenwinkel stark ab und bei $\varphi = -90°$ liegt die Resonanzfrequenz der Brennkammer und ein Wendepunkt im Werteverlauf. Der Phasenwinkel verharrt anschließend in einem weiten Frequenzbereich bei einem Wert von -180°, was dem Wert des Grenzwertes bei einfachen Helmholtz-Resonatoren entspricht, um bei weiterer Steigerung der Anregungsfrequenz f_{Puls} weiter abzusinken. Es folgt bei Resonanz des Brenners das Durchlaufen eines Wendepunktes bei einem Phasenwinkel von $\varphi = -270°$. Bei weiterer Steigerung der Anregungsfrequenz strebt der Phasenfrequenzgang des gekoppelten Helmholtz-Resonator-Systems gegen einen Grenzwert von $\varphi = -360°$. Damit zeigt die experimentelle Untersuchung deutlich, dass es sich um ein System zweier gekoppelter Helmholtz-Resonatoren handelt, wie es die Theorie vorhersagt. Der Vergleich der experimentellen Untersuchungen mit dem mit Hilfe des Modells berechneten Übertragungsverhalten des gekoppelten Systems wird in Kap. 7.2.1 vorgenommen. Diese Ergebnisse bedeuten hinsichtlich des Übertragungsverhaltens des gekoppelten Systems, dass ein Auftreten selbsterregter Verbrennungsinstabilitäten bei den unterschiedlichen Eigenfrequenzen der Einzelkomponenten möglich ist und somit beide Bauteile in die Systemanalyse miteinbezogen werden müssen. Eine Stabilitätsanalyse eines Vormisch-Verbrennungssystems, bei dem es sich um ein gekoppeltes System handelt, ist somit durchführbar und der mögliche Wertebereich der relevanten Größen Anregungsstärke und Phasenlage ist ebenfalls gegeben bzw. skalierbar.

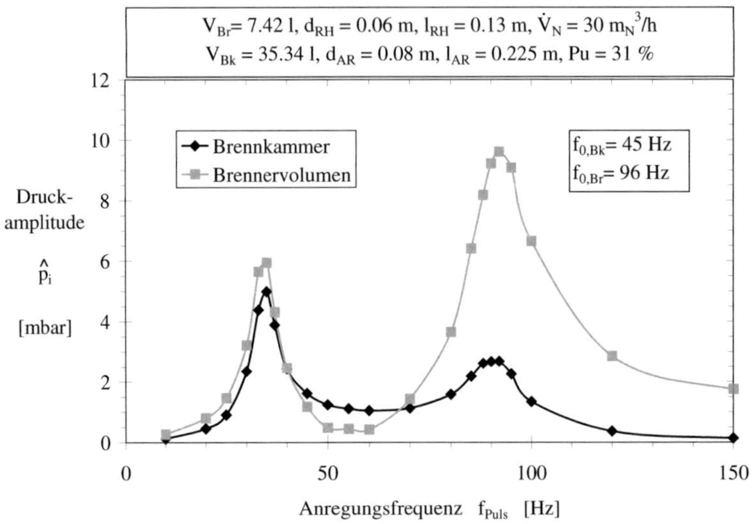

Abb. 7.11: Frequenzabhängiger Verlauf der Druckamplituden in Brenner und Brennkammer

Weiterhin soll gezeigt werden, wie sich der Verlauf der maximalen Druckamplituden von Brenner $\hat{p}_{Br}(f_{Puls})$ und Brennkammer $\hat{p}_{Bk}(f_{Puls})$ im gekoppelten System darstellt. Die Messpositionen zur Bestimmung der Druckschwankungen in Brenner $\tilde{p}_{Br}(t)$ und Brennkammer $\tilde{p}_{Bk}(t)$ sind jeweils an der Wand der beiden Bauteile, etwa auf halber Höhe positioniert und aufgrund der im Vergleich zu den Wellenlängen geringen Abmessungen der Resonatoren werden die Druckverteilungen als räumlich unabhängig angenommen, sprich die ermittelten Druckamplituden an der

Brennkammerwand sind im gesamten Resonator genauso groß. Eine wichtige Fragestellung ist, inwiefern die Druckamplituden untereinander zusammenwirken, also ob beispielsweise im Resonanzfall der Brennkammer die Druckamplitude ausschließlich in Strömungsrichtung über das Abgasrohr abgebaut wird, was ziemlich unwahrscheinlich erscheint, oder ob ein Rückwirken entgegen der Strömungsrichtung in den Brenner möglich ist und wenn ja, welche Stärke diese Rückwirkung erreichen kann.

In Abb. 7.11 erkennt man deutlich die beiden Resonanzfälle. Auffallend ist die Tatsache, dass bei Resonanz in der Brennkammer auch im Brennervolumen ein deutlicher Anstieg der Druckamplitude $\hat{p}_{Br}$ messbar ist, der betragsmäßig sogar ein Millibar höher ausfällt als in der Brennkammer. Bei der Resonanzfrequenz des Brenners ist ebenfalls ein Anstieg in der nicht-resonierenden Brennkammer detektierbar, dieser ist allerdings deutlich kleiner als der Messwert im Brenner. Zusammenfassend lässt sich feststellen, dass im Resonanzfall eines Bauteils der zweite Resonator ebenfalls einen Anstieg der maximalen Druckamplitude aufweist und die zweite Auffälligkeit ist, dass im Faktor 5 kleineren Brennervolumen stets ein stärkerer Anstieg der Druckamplitude $\hat{p}_{Br}$ als in der deutlich größeren Brennkammer festzustellen ist.

7.2.1 Vergleich gemessener Resonanzkurven von gekoppelten Systemen mit Vorhersagen des physikalischen Modells

Eine wichtige Fragestellung dieser Arbeit war, ob sich einerseits gekoppelte Systeme vergleichbar zu den einzelnen Helmholtz-Resonatoren verhalten und ob andererseits das experimentell ermittelte und das berechnete Übertragungsverhalten zweier gekoppelter Helmholtz-Resonatoren deckungsgleich sind, um somit Vorhersagen zur Ausbildung selbsterregter Verbrennungsinstabilitäten bei gekoppelten, resonanzfähigen Verbrennungssystemen machen zu können. Deshalb wird in diesem Kapitel zunächst das in Kap. 5.2.1 berechnete Übertragungsverhalten mit den experimentellen Ergebnissen aus Kap. 7.2 gegenübergestellt.

Die einzigen Parameter, die sich aus den experimentellen Untersuchungen ergeben und im Modell bislang frei wählbare Parameter waren, sind die Dämpfungsmaße

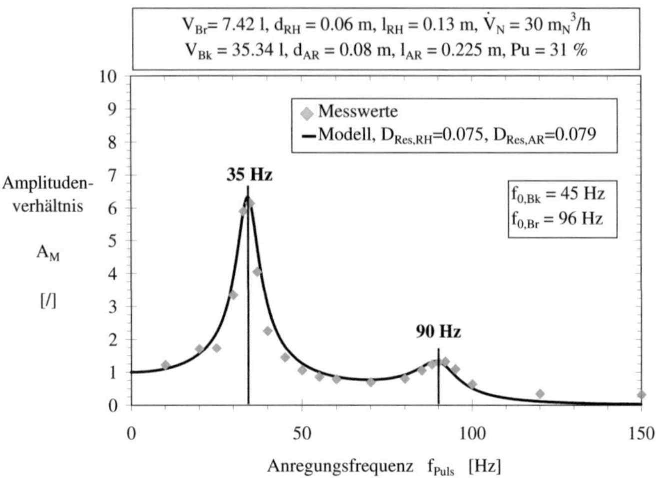

Abb. 7.12: Vergleich des experimentell ermittelten mit dem berechneten Amplitu-denverhältnis / Grenzfall 1: $f_{0,Bk} \ll f_{0,Br}$

im Resonatorhals $D_{Res,RH}$ und Abgasrohr $D_{Res,AR}$ zur korrekten Wiedergabe der Amplitudenverhältnisse. In Abb. 7.12 sind zum einen das experimentell ermittelte Amplitudenverhältnis aus Kap. 7.2 und zum anderen die Ergebnisse der mit Hilfe des Modells durchgeführten rechnerischen Vorhersage dargestellt.

Hierbei bildet das Modell den frequenzabhängigen Amplitudengang sehr gut ab und die in der Modellrechnung angenommenen Dämpfungsmaße entsprechen den Dämpfungsmaßen der Einfach-Helmholtz-Resonatoren mit Werten von $D_{Res,RH} = 0.075$ und $D_{Res,AR} = 0.079$. Damit konnte nachgewiesen werden, dass die Berech-nungen des Modells bei Annahme einer Kopplung von zwei einfachen Helmholtz-Resonatoren sehr genau mit den experimentellen Ergebnissen übereinstimmen. Die Dämpfungsmaße als frei wählbare Parameter in der Vorhersage mit Hilfe des Mo-dells konnten aus Messungen an Einzelkomponenten verwendet werden.

Zur vollständigen Beschreibung des frequenzabhängigen Übertragungsverhaltens des gekoppelten Systems ist noch der Phasenfrequenzgang aufgrund der theore-

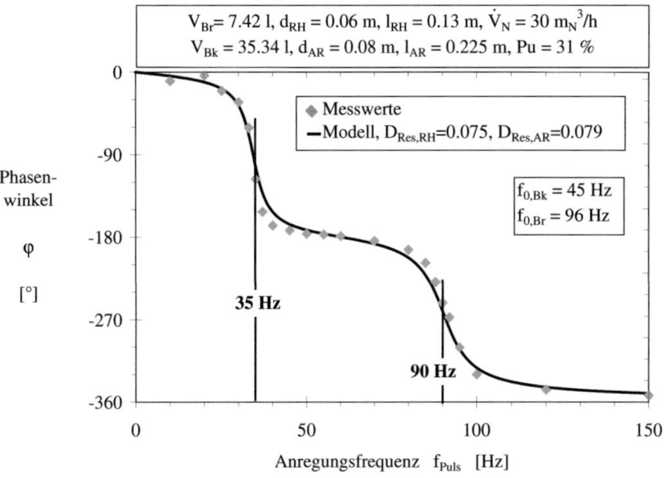

Abb. 7.13: Vergleich des experimentell ermittelten mit dem berechneten Phasenfrequenzgang / Grenzfall 1: $f_{0,Bk} \ll f_{0,Br}$

tischen Überlegungen vorherzusagen und mit dem Ergebnis des Experiments zu
vergleichen. Hierbei ist - dargestellt in Abb. 7.13 - wie bereits beim Amplitudenverhältnis eine sehr gute Übereinstimmung zwischen Vorhersage und Experiment
festzustellen. Somit ist es möglich, mit Hilfe des Modells zur Beschreibung des
Übertragungsverhaltens gekoppelter Helmholtz-Resonatoren das Systemverhalten
eines gekoppelten Systems bestehend aus zwei Helmholtz-Resonatoren vorherzusagen.

7.2.2 Parametervariation für gekoppelte Helmholtz-Resonator-Systeme

Eine weitere Fragestellung war nun, wie sich gekoppelte Systeme verhalten, bei denen die Resonanzfrequenzen der beiden Einzelkomponenten sehr nahe beieinander liegen oder sogar identisch sind und somit nicht mehr davon ausgegangen werden kann, dass sich die Resonatoren - speziell im Resonanzfall - nicht beeinflussen und ob sich die Ergebnisse der Vorhersage des physikalischen Modells bestätigen. Es wurde das in Tab. 7.4 und 7.5 dargestellte System 2 verwendet. Die Geometriedaten sind bei der Brennkammer $V_{Bk} = 35.34$ l, dem Abgasrohr $l_{AR} = 225$ mm und $d_{AR} = 80$ mm sowie beim Resonatorhals $l_{RH} = 130$ mm und $d_{RH} = 60$ mm und beim Brenner ein Volumen von $V_{Br} = 35.44$ l. Damit erreicht man reibungsfreie Eigenfrequenzen von $f_{Res,Bk} = 45$ Hz ($\hat{=} \omega_{Res,Bk} = 280$ Hz) und $f_{Res,Br} = 44$ Hz ($\hat{=} \omega_{Res,Br} = 276$ Hz). Es soll untersucht werden, wie ein reales, d.h. gedämpftes, gekoppeltes System dieser beiden Einzelkomponenten frequenzabhängig reagiert. Die Pulsationseinheit einschließlich der Einlassdüse sowie die verwendete Messtechnik sind identisch mit den bisherigen Untersuchungen und in Abb. 6.5 dargestellt.

Die Messungen zeigen ein bemerkenswertes Ergebnis, denn sie weisen - wie bereits die Vorhersagen des Modells - kein einzelnes Maximum im Bereich der Eigenfrequenz der beiden Einzelkomponenten auf, sondern es ergeben sich mit einigem Abstand unter- und oberhalb der Eigenfrequenz der Brennkammer und des Brenners von etwa $f_0 = 45$ Hz sowohl bei der Betrachtung des Amplitudenverhältnisses als auch des Phasenfrequenzgangs Amplitudenüberhöhungen bzw. Wendepunkte bei Werten des Phasenwinkels von φ = -90° und -270°. Dieser experimentelle Befund wird durch das Modell sehr gut abgebildet wie in den Abbildungen des Amplitudenverhältnisses (7.14) und des Phasenfrequenzgangs (7.15) deutlich zu erkennnen ist. Die Dämpfungsmaße im gekoppelten System weisen jedoch im Vergleich zu an den Einfach-Helmholtz-Resonatoren ermittelten Werten für das Verbindungssssstück zwischen Brenner und Brennkammer (Resonatorhals) $D_{Res,RH}$= 0.080 und das Abgasrohr $D_{Res,AR}$ = 0.050 geänderte Zahlenwerte auf. Die

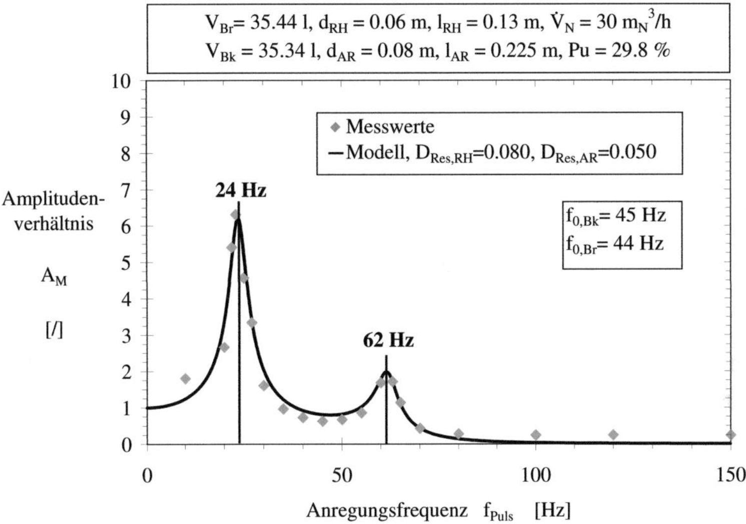

Abb. 7.14: Amplitudenverhältnis eines Resonatorsystems zweier gekoppelter Helmholtz-Resonatoren mit identischen Eigenkreisfrequenzen, Grenzfall 2: $f_{0,Bk} \cong f_{0,Br}$

Dämpfungsmaße können mit Hilfe des Skalierungsgesetzes 7.7 für die geänderten Resonanzfrequenzen jedoch berechnet werden.

$$D_{Res,GHR} \propto \sqrt{\frac{\omega_{Res,GHR}}{\omega_{Res,ref}}} \cdot D_{Res,ref}. \tag{7.7}$$

Im Skalierungsgesetz 7.7 wird mit $\omega_{Res,ref}$ sowie $D_{Res,ref}$ die Referenzgröße aus den Voruntersuchungen des einfachen Helmholtz-Resonators der Einzelkomponenten Brenner bzw. Brennkammer verwendet.

Bei Einsetzen folgender Werte konnten die Dämpfungsmaße skaliert werden. Die erste Resonanzfrequenz $f_{Res,Bk,GHR}$ = 24 Hz ergibt mit der Referenzgröße für die Dämpfung im Abgasrohr $D_{ref,AR}$ = 0.079 einen skalierten Dämpfungswert

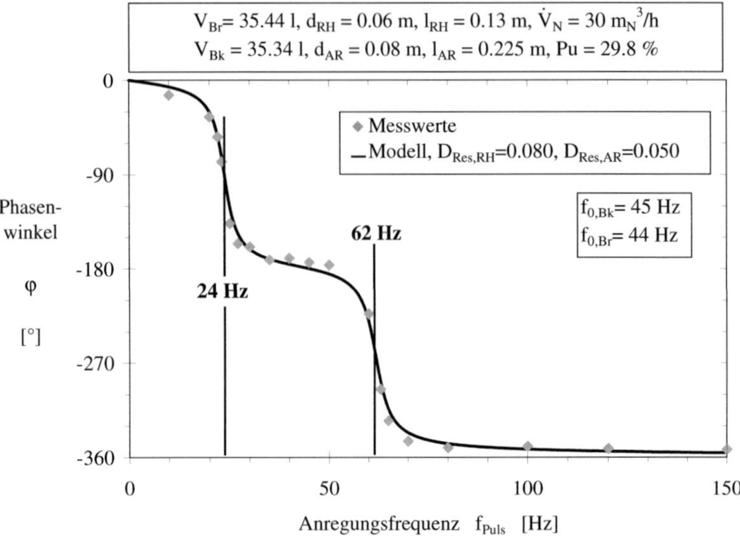

Abb. 7.15: Phasenfrequenzgang eines Resonatorsystems zweier gekoppelter Helmholtz-Resonatoren mit identischen Eigenkreisfrequenzen, Grenzfall 2: $f_{0,Bk} \cong f_{0,Br}$

$D_{Res,AR,GHR}$ = 0.058, der zum gemessenen Wert eine Abweichung von etwa 10 % aufweist. Die zweite Resonanzfequenz $f_{Res,Br,GHR}$ = 62 Hz führt durch die Skalierung zu einem Dämpfungsmaß im Resonatorhals im gekoppelten System von $D_{Res,RH,GHR}$ = 0.088, was ebenfalls ein 10% zu hoch skaliertes Dämpfungsmaß bedeutet. Mit diesen Erkenntnissen ist es also möglich, die Neigung zur Ausbildung selbsterregter Verbrennungssysteme, die aus zwei resonanzfähigen Volumina, die miteinander gekoppelt sind, mit ausreichender Genauigkeit vorherzusagen. In Abb. 7.14 und 7.15 sind Berechnungen und experimentelle Ergebnisse gegenübergestellt und die sehr gute Übereinstimmung von Modellvorhersage und Experiment wird deutlich. Die ermittelte Abweichung liegt bei etwa 10 % und der Dämpfungsparameter ist somit gut vorhersagbar und skalierbar.

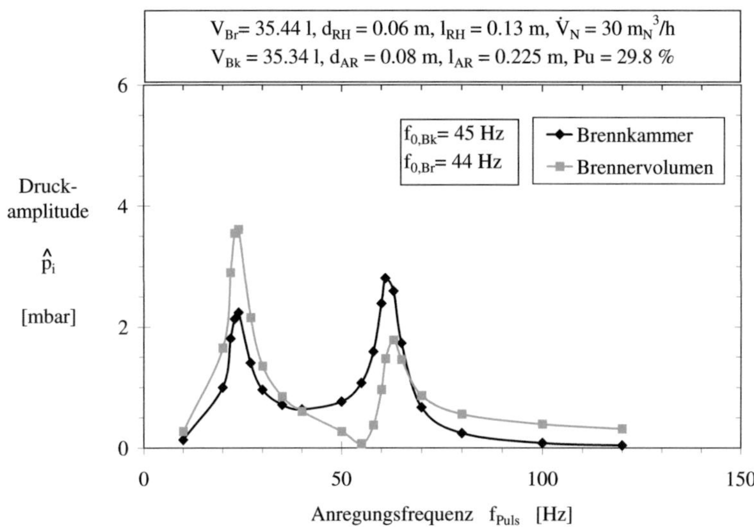

Abb. 7.16: Frequenzabhängiger Druckverlauf innerhalb der beiden Einzelvolumina, Grenzfall 2: $f_{0,Bk} \cong f_{0,Br}$

Um die Bedeutung dieser Untersuchungen nochmals zu verdeutlichen ist in Abb. 7.16 der Druckverlauf innerhalb der beiden Resonatoren Brenner und Brennkammer dargestellt und es wird klar, dass auch bei Zusammenfall oder dicht beieinander liegenden Eigenfrequenzen der Einzelkomponenten bei Kopplung eine starke Verschiebung der Resonanzfrequenzen feststellbar ist und des weiteren in der Brennkammer bei beiden Resonanzpunkten ein deutlicher Anstieg der Druckamplituden vorliegt, der in Vormisch-Verbrennungssystemen bei Überschreiten kritischer Größen zur Ausbildung selbsterregter Verbrennungsschwingungen führen kann. Betragsmäßig noch höher fällt der Anstieg der maximalen Druckamplitude im Brennergehäuse aus, wodurch sich hinsichtlich Verbrennungsinstabilitäten große Probleme wie mögliche Luftzahlschwankungen durch zeitlich-periodische Schwankungen von Brennstoff- bzw. Luftvolumenstrom in der Mischeinrichtung von Feuerungssystemen mit Vormischverbrennung ergeben können.

7.3 Messungen an gekoppelten Helmholtz-Resonatoren mit Vormisch-Verbrennung

In diesem Kapitel soll untersucht werden, ob sich die Ergebnisse isotherm durchströmter gekoppelter Systeme auch auf Systeme mit hochturbulenter Vormisch-Verbrennung übertragen lassen. Der in Kap. 6.7 präsentierte Vormisch-Drallbrenner wird hinsichtlich seines Resonanzverhaltens untersucht, da er als vorgeschalteter Resonator vom Helmholtz-Resonator-Typ wirken (Volumen 1) und zudem durch die konstruktive Ausführung eine zündstabile Vormisch-Drallflamme erzeugen soll. Da diese geforderten Aufgaben konstruktive Maßnahmen bedeuten, muss zuerst das Übertragungsverhalten des Brenners untersucht werden, bevor die Untersuchungen mit der Vormisch-Drallflamme durchgeführt werden, um bei der Anregung der Resonanzfrequenzen der einzelnen Resonatoren durch Erzeugen selbsterregter Druck-/ Flammenschwingungen nachzuweisen, dass die Resonanzfrequenzen mit den theoretischen Vorhersagen übereinstimmen.

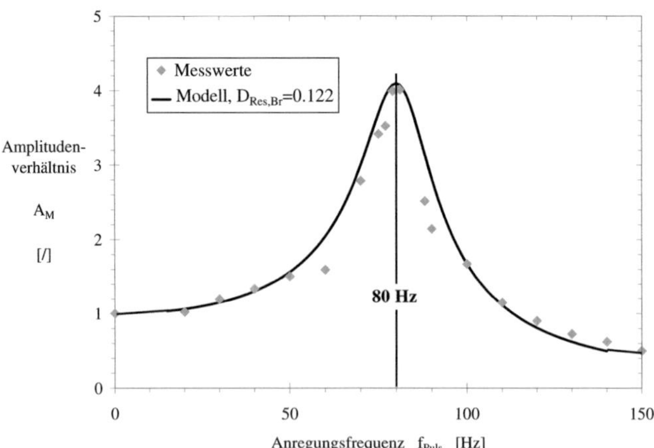

Abb. 7.17: Übertragungscharakteristik des doppelt-konzentrischen Drallbrenners als Einzelkomponente

7.3.1 Bestimmung des frequenzabhängigen Übertragungsverhaltens des doppelt-konzentrischen Drallbrenners

Das Übertragungsverhalten des doppelt-konzentrischen Drallbrenners (Kap. 6.3.1) wurde in einer Arbeit von [92] untersucht und zeigt die Übertragungscharakteristik eines einfachen Helmholtz-Resonators (Abb. 7.17). Die berechnete Eigenfrequenz des Brenners liegt bei $f_{0,Br}$= 96 Hz. Im Betrieb mit der Vormisch-Drallflamme wird das Bauteil Brenner weiterhin isotherm vom Verbrennungsluftvolumenstrom durchströmt, da das Brenngas erst kurz vor dem Brenneraustritt mit der Verbrennungsluft vermischt wird (aus Sicherheitsgründen wird das Volumen an homogen vorgemischtem, zündfähigem Brenngas-/Luft-Gemisch möglichst klein gehalten) und die Zündung der Flamme erfolgt erst am Brenneraustritt und damit im Bauteil Brennkammer.

7.3.2 Bestimmung des frequenzabhängigen Übertragungsverhaltens eines realen Vormisch-Verbrennungssystems

Mit den Erkenntnissen aus Kap. 7.2.2 und der Modellvorstellung aus Kap. 5.2.1 gelingt es, gekoppelte Resonatorsysteme, die sich wie Helmholtz-Resonatoren verhalten, mit dem Modell v.a. im Hinblick auf die zu erwartenden Resonanzfrequenzen vorherzusagen und den Einfluss der Fluidtemperatur auf das Systemübertragungsverhalten zu skalieren. Für die Untersuchungen unter Anwendung einer Vormisch-Verbrennung soll an dieser Stelle zunächst das berechnete Übertragungsverhalten des gekoppelten Systems, bestehend aus einem Vormisch-Drallbrenner sowie einer wassergekühlten Brennkammer als Resonatoren vorgestellt werden. Hierbei wird bereits im Resonator Brennkammer eine mittlere Brennkammertemperatur $\bar{T}_{Bk}$ angenommen, die für Erdgas-Vormischverbrennung typisch ist.

Die Hauptfrage, die bei den Untersuchungen mit Vormisch-Verbrennung geklärt werden sollte, war, ob es mit selbsterregt schwingenden Vormischflammen möglich ist, sowohl die Brennkammer - was in vorangegangenen Untersuchungen der Regelfall war - als auch das Brennervolumen selbst anzuregen. Dafür waren die berechneten Eigenfrequenzen und damit auch die Resonanzfrequenzen mit einem großen frequenzmäßigen Abstand gewählt worden und die Aufgabe war nun zwei, lediglich in der Verzugszeit $t_{v,Fl}$ (Kap. 4.2.3) unterschiedliche Vormischflammen zu finden, wobei die eine die Brennkammer und die zweite den Brenner selbst in Resonanz versetzen soll.

An dieser Stelle wird zunächst mit der Modellberechnung das frequenzabhängige Übertragungsverhalten des gekoppelten Systems, bestehend aus Vormisch-Drallbrenner und wassergekühlter Brennkammer, unter isothermen Bedingungen und unter Annahme hoher Temperatur im Bauteil Brennkammer berechnet (Abb. 5.17 in Kap. 5.2.4).

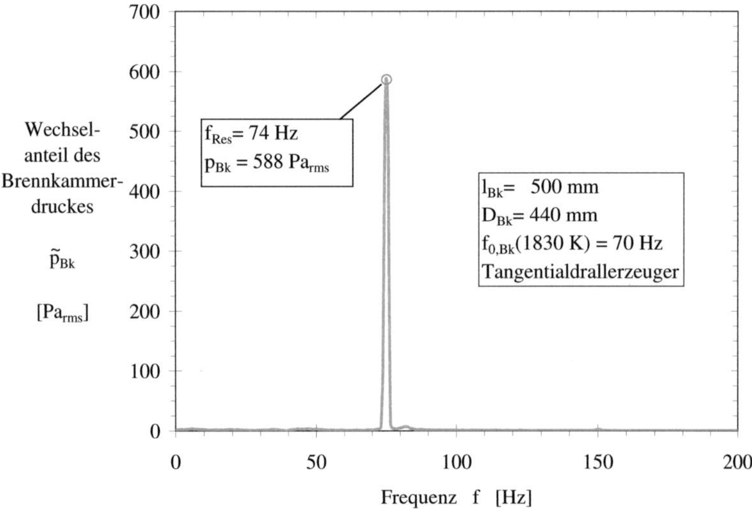

Abb. 7.18: Frequenzaufgelöste Auftragung des Wechselanteils des Brennkammer-druckes bei **Brennkammerresonanz** im selbsterregt schwingenden Betriebszustand

In weiteren Untersuchungen wurden nun selbsterregt schwingende Betriebspunkte der Anlage vermessen. Dabei konnte man im Leistungsbereich mit $\bar{\dot{Q}}_{th} > 150$ kW

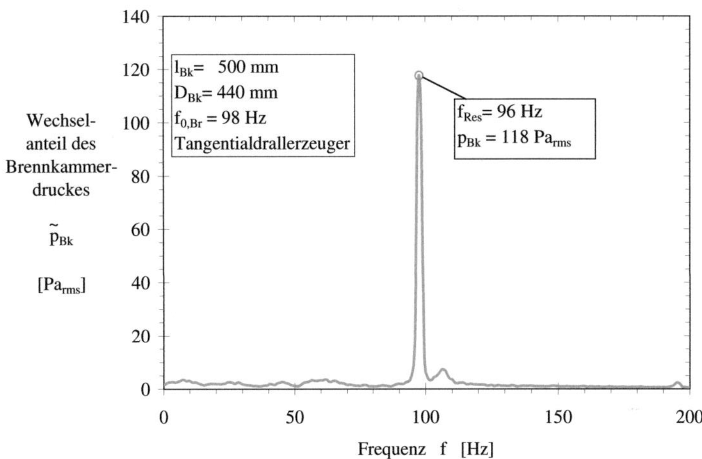

Abb. 7.19: Frequenzaufgelöste Auftragung des Wechselanteils des Brennkammerdruckes bei **Brennerresonanz** im selbsterregt schwingenden Betriebszustand

und bei Luftzahlen im Bereich $1.2 < \lambda < 2.0$ den in Kap. 6.3.1 ausführlich beschriebenen doppelt-konzentrischen Drallbrenner so betreiben, dass in der Anlage
- bestehend aus dem angesprochenen Drallbrenner sowie der Brennkammer (Abb.
6.9) - selbsterregt schwingende Betriebszustände zu finden sind. Ein ausgewähl-
tes frequenzaufgelöstes Drucksignal des Wechselanteils des Brennkammerdruckes
$\tilde{p}_{Bk}(t)$ ist in Abb. 7.18 dargestellt. Hier findet man ein Maximum der Druckamplitude bei $f_{Res,Bk} = 72$ Hz.

Die Resonanzfrequenz ergibt sich aus den Geometriedaten der Brennkammer sowie einer mittleren Brennkammertemperatur von $\bar{T}_{Bk} \approx 1830$ K, die durch Messungen auf der Brennerachse am Übergang zwischen Brennkammer und Abgasrohr bestimmt wurde. Somit ist man nun in der Lage, die Resonanzfrequenz der
Brennkammer mit dem Modell richtig vorherzusagen, auch unter der Berücksichtigung, dass der Resonator Brenner seine Resonanzfrequenz durch die Verbren-

nung nicht verändert, die Brennkammer jedoch einen Anstieg der Fluidtemperatur auf etwa $\bar{T}_{Bk} \approx 1830$ K mit entsprechender Veränderung der Resonanzfrequenz im Vergleich zum isothermen Fall aufweist.

Anschließend gelang es durch Änderung der Parameter thermische Leistung, Luftzahl und Drallstärke die Verzugszeit der Vormisch-Drallflamme so zu verändern, dass das Brennervolumen angeregt wird. Hierbei wurde die Stärke der Druckschwankung ebenfalls in der Brennkammer mittels Druckmesstechnik detektiert, da die tatsächliche Auswirkung auf die Flamme in der Brennkammer stattfindet. Die Resonanzfrequenz entspricht im Falle der Brennerresonanz der Resonanzfrequenz aus den isothermen Untersuchungen, da sich die Fluidtemperatur im Brennervolumen nicht geändert hat und man erkennt in Abb. 7.19 deutlich, dass der Amplitudenwert des Schwankungsanteils des Brennkammerdruckes $\tilde{p}_{Bk}$ ein deutliches Maximum aufweist.

Deutlich zu erkennen ist die nicht unerhebliche Auswirkung der Brennerresonanz auf die Brennkammer und somit auf den sensiblen Bereich der Brennermuffel, die das Verbindungsstück zwischen den beiden Einzelresonatoren Drallbrenner und Brennkammer bildet. Somit ist durch die vorgestellten Untersuchungen bewiesen, dass unterschiedliche Resonatoren mittels einer Vormischflamme bestimmter Leistung und Luftzahl gezielt selbsterregt in Resonanz zu versetzen sind, mit dem Ergebnis, dass die Vormischflamme bei zwei unterschiedlichen Frequenzen Verbrennungsinstabilitäten mit einem deutlichen Anstieg des Wechselanteils des Resonatordruckes bildet. Andererseits ermöglicht das vorgestellte Modell für zwei gekoppelte Resonatoren vom Helmholtz-Resonator-Typ eine sehr genaue Vorausberechnung der Resonanzfrequenzen und des gesamten Übertragungsverhaltens gekoppelter Systeme.

8 Zusammenfassung

In der vorgestellten Arbeit wurden physikalische Mechanismen zur Entstehung und Erhaltung selbsterregter Druck-/Flammenschwingungen in technischen Verbrennungssystemen vorgestellt und - aufbauend auf zahlreichen Arbeiten auf dem Gebiet der Verbrennungsinstabilitäten - der Fokus auf bisher nicht untersuchte Größen gelegt, bei denen es sich herausgestellt hat, dass die Vernachlässigung in der Modellbildung nicht zulässig ist, bzw. eine nicht tolerierbare Fehlergröße bei theoretischen Herleitungen generiert, wodurch eine verlässliche Vorhersage bei Anwendung auf reale Systeme mittels physikalischer Modelle unmöglich wird. Der Schwerpunkt dieser Arbeit lag auf der anlagentechnischen Seite, also der Brennkammer von technischen Feuerungssystemen mit den ihr vor- und nachgeschalteten Anlagenbauteilen wie Brenner, Mischer, Abgasanlage oder Wärmetauscher. Bei bisherigen Untersuchungen wurden die Anlagenkomponenten auf die Brennkammer beschränkt, bei der zur Beschreibung der Übertragungseigenschaften des Einzelbauteils sehr gute Berechnungen mit Hilfe unterschiedlicher Modellvorstellungen möglich sind (Viertel-/Halbwellenresonator, Helmholtz-Resonator). Allerdings wurde schon in der Literatur darauf hingewiesen, dass strömungstechnisch druckweich angeschlossene Bauteile im Falle von Verbrennungsschwingungen mindestens die Druckschwankungen im Hauptbauteil Brennkammer registrieren.

Bei den Untersuchungen der einfachen Helmholtz-Resonatoren wurden zahlreiche Bauteile wie Brennkammern, aber auch Brenner mit unterschiedlichen Volumina und Eigenkreisfrequenzen untersucht. Dabei wurden zur Erweiterung des Verständnisses Veränderungen an der im einfachsten Fall aus einem Resonatorvolumen und einer Verjüngung zum Austritt hin (Abgasrohr) bestehenden Anordnung unter Variation des statischen Brennkammerdruckes $\bar{p}_{Bk,stat}$ durchgeführt, wobei der Dämpfungsparameter zur Beschreibung der Schwingungsdämpfung nun so skaliert werden kann, dass das frequenzabhängige Verhalten auf unterschiedliche Druckstufen umrechenbar wird. Damit ist man in der Lage, Ergebnisse, die unter atmosphärischen Bedingungen ermittelt wurden, auf höhere Druckstufen umzurechnen, um damit aufwändig durchzuführende und teure Versuche einsparen zu können. Es können sogar Aussagen über Anwendungen im Bereich der Gasturbinentechnik ($\bar{p}_{max} \approx 25$ bar) getroffen werden, womit etliche Messungen, die auch in der Literatur häufig nur unter atmosphärischen Bedingungen vorliegen, problemlos skalierbar sind. Eine weitere Größe, deren Einfluss mit den Ergebnissen zukünftig skalierbar und berechenbar wird, ist die Oberflächenbeschaffenheit des Resonatorhalses, dessen Oberfläche die Schwingungsdämpfung maßgeblich beeinflusst. Im Experiment konnte nachgewiesen werden, dass die getroffenen Modellannahmen korrekt waren und mit Kenngrößen des verwendeten Materials der Dämpfungsparameter skaliert und quantitativ vorhergesagt werden kann.

Bei vorangegangenen Untersuchungen wurden Experimente unter Erhöhung der Fluidtemperatur durch Aufheizung des Fluids, elektrische Beheizung oder chemische Reaktion (Verbrennung) an Helmholtz-Resonatoren durchgeführt, um den Einfluss der Temperaturvariation auf den Dämpfungsparameter zu untersuchen, damit Aussagen zur Frage, wie sich das Resonanzverhalten einer Brennkammer unter Verbrennungsbedingungen ändert, getroffen werden können. Allerdings war ein Problem bei der bisherigen Herangehensweise, dass sich aufgrund der temperaturabhängigen Änderung der Schallgeschwindigkeit die Resonanzfrequenz des Systems ändert. Da in den Modellannahmen vorausgesetzt wurde, dass die Schwingungsdämpfung überwiegend in der Grenzschicht des Resonatorhalses (Abgasrohr) stattfindet, wurde in den hier vorgestellten Untersuchungen ausschließlich die Temperatur in der Grenzschicht des Resonatorhalses durch eine Beheizung der Wand des Abgasrohres von außen realisiert. Mit dieser Vereinfachung war es erstmals möglich nachzuweisen, dass tatsächlich nur die Temperatur in der Wandgrenzschicht des Resonatorhalses die Schwingungsdämpfung beeinflusst mit dem gleichzeitigen Vorteil, dass sich die Resonanzfrequenz des Untersuchungsobjektes nicht verändert. Mit den erarbeiteten Untersuchungsergebnissen ist es nun möglich, wichtige Größen von Brennkammergeometrie und Fluidgrößen im Hinblick auf die quantitativen Änderungen im Resonanzverhalten zu skalieren und zu berechnen, vorausgesetzt dass das frequenzabhängige Übertragungsverhalten einer Parameterkombination vollständig vorhanden ist.

Ein Ziel dieser Arbeit war es ein aus der Literatur bekanntes Modells zur Beschreibung des Resonanzverhaltens von zwei gekoppelten Resonatoren, die als Einzelbauteile das Resonanzverhalten eines Helmholtz-Resonators aufweisen, weiterzuentwickeln, anhand ausgewählter Experimente zu validieren und den Nachweis der Anwendbarkeit des Modells auf Verbrennungssysteme im Technikumsmaßstab zu erbringen. Aus diesem Grund musste die Arbeit sehr grundlegend begonnen werden, um das komplexe Verhalten von gekoppelten Systemen nachvollziehen zu können. Zunächst wurde eine Parameterstudie durchgeführt, womit geeignete geometrische Kombinationen herausgearbeitet wurden, um die experimentellen Untersuchungen zum Nachweis der Anwendbarkeit des Modells auf reale Verbrennungssysteme möglichst zielgerichtet durchzuführen. Es zeigte sich, dass das Modell des gekoppelten Helmholtz-Resonators ein wirkungsvolles Instrument zur Vorhersage des Resonanzverhaltens unterschiedlichster komplexer Systeme liefert. Es konnte nachgewiesen werden, dass die Vorhersagen des Modells in experimentellen Untersuchungen sehr gut verifizierbar sind. Ein interessanter Aspekt war hierbei der Grenzfall bei der Kombination von zwei Volumina mit identischer bzw. sehr nah beieinanderliegender Eigenkreisfrequenz: Sowohl das Modell wie auch das Experiment zeigen unabhängig voneinander den gleichen Befund, nämlich dass bei gekoppelten Systemen in diesem Grenzfall nicht eine Resonanzfrequenz zu beobachten ist, sondern dass eine Verschiebung zu zwei Resonanzfrequenzen oberhalb und unterhalb der errechneten Eigenkreisfrequenzen der Einzelbauteile erfolgt. Dieses Ergebnis ist bemerkenswert und sehr wichtig, weil dadurch nachgewiesen ist, dass es von entscheidender Bedeutung ist, bei gekoppelten Resonanzsystemen nicht nur die Einzelbauteile zu betrachten, sondern auch die Kopplung zu berücksichtigen. Die Wichtigkeit dieser Ergebnisse führt zur Erkenntnis, dass unter bestimmten Voraussetzungen bei den Resonanzfrequenzen der Einzelbauteile keine Verstärkung im gekoppelten Fall mehr auftritt. Das vorgestellte Modell ist somit nachgewiesenermaßen in der Lage, sämtliche Grenzfälle abzubilden.

Des Weiteren stand die Frage im Raum, ob es überhaupt von Bedeutung ist, dass bei einer Resonator-Kopplung die der Brennkammer vor- bzw. nachgeschalteten resonanzfähigen Systembauteile in Resonanz versetzt werden und ob eine gegenseitige Beeinflussung überhaupt auftritt. Aus diesem Grund wurde ein gekoppeltes Verbrennungssystem im Technikumsmaßstab mit Vormischverbrennung betrieben und es gelang Verbrennungsinstabilitäten zu beobachten, die durch die Resonanz des angekoppelten Bauteils, im Falle der vorgestellten Untersuchungen eines Vormisch-Drallbrenners, hervorgerufen wurde. Somit konnte die Notwendigkeit des besseren Verständnisses der Vorgänge bei einer Kopplung realer Systeme nachgewiesen und eine Möglichkeit gezeigt werden, womit diese Wirkweise unter Verwendung eines Modells vorhersagbar ist. So wird es möglich, bereits in Konstruktions- und Planungsphasen von technischen Verbrennungssystemen, Probleme mit Verbrennungsinstabilitäten, die mit bisherigen Modellen nicht erfasst werden konnten, zu erkennen und somit auch teure Nachrüst- und Umbaukosten bei Problemen des Anlagenbetriebs zu verhindern. Die Erkenntnisse aus den Betrachtungen einfacher Helmholtz-Resonatoren führen dazu, die Möglichkeiten des Modells gekoppelter Systeme erheblich zu erweitern, da die Erkenntnisse der Einfach-Systeme direkt auf den gekoppelten Fall - und damit auf den häufigeren Fall in realen Verbrennungssystemen - übertragen werden können.

9 Symbolverzeichnis

Lateinische Symbole:

A	$[m^2]$	Fläche
A	$[/]$	Amplitudenverhältnis
C_1	$[m^2/s]$	Konstante
C_2	$[1/s]$	Konstante
c_0	$[m/s]$	Ruheschallgeschwindigkeit
D	$[/]$	Dämpfungsmaß
$\dot{D}$	$[\frac{kg\,m^2}{s^2}]$	Drehimpulsstrom
D, d	$[m]$	Durchmesser
F	$[/]$	Übertragungsfunktion
F	$[\frac{kg\,m}{s^2}]$	Kraft
f	$[1/s]$	Frequenz
g	$[m/s^2]$	Erdbeschleunigung
H_U, H_O	$[kJ/mol]$	unterer/oberer Heizwert
$\dot{I}$	$[\frac{kg\,m}{s^2}]$	(Axial-)Impulsstrom
I	$[A]$	Stromstärke
k	$[kg/s^2]$	Federsteifigkeit
L, l	$[m]$	Länge, Dicke
l	$[/]$	tatsächlicher rel. Luftbedarf (Luft/Brennstoff)
l_{min}	$[/]$	minimaler rel. Luftbedarf f. stöchiometrische Verbrennung
M, m	$[kg]$	Masse
$\dot{m}$	$[kg/s]$	Massenstrom
p	$[Pa]$	Druck
$\dot{Q}$	$[kW]$	Leistung, Wärmeabgabe
R	$[kg/s]$	Reibungskoeffizient
R	$[\Omega]$	elektr. Widerstand
R_0	$[m]$	Radius Brennerauslass
r	$[m]$	radiale (Abstands-)Koordinate
s	$[m]$	Weg(-element)
t	$[s]$	(Verzugs-)Zeit
T	$[K,C]$	Temperatur

U	[V]	Spannung
u	$[m/s]$	axiale Geschwindigkeitskomponente
$\bar{u}$	$[m/s]$	mittlere Geschwindigkeit
V	$[m^3]$	Volumen
$\dot{V}$	$[m^3/s]$	Volumenstrom
v	$[m/s]$	radiale Geschwindigkeitskomponente
w	$[m/s]$	tangentiale Geschwindigkeitskomponente
x	[m]	axiale Abstandskoordinate
y	[m]	Abstandskoordinate
z	[m]	Abstandskoordinate

Griechische Symbole:

α	$[\frac{W}{m^2 K}]$	Wärmeübergangskoeffizient
Δ	[/]	Differenz
ε	$[\frac{m^2}{s^3}]$	Dissipationsrate
φ	[Grad]	*(Phasen-)*Winkel
Γ	$[\frac{m^2}{s^2}]$	Zirkulation
η	[/]	*(dimensionslose)* Kreisfrequenz
κ	[/]	Isentropenexponent
κ	$[1/m]$	Wellenzahl
Λ	$[m/s]$	Brenngeschwindigkeit
λ	[/]	Luftzahl
λ	[m]	Wellenlänge
ν	$[\frac{m^2}{s}]$	kinematische Viskosität
ρ	$[\frac{kg}{m^2}]$	Dichte
τ	[s]	Zeitmaß
ω	$[1/s]$	Winkelgeschwindigkeit
κ	$[1/s]$	Kreisfrequenz

Dimensionslose Kennzahlen:

Da	Damköhler-Zahl
Ka	Karlovitz-Zahl
Pr	Prandtl-Zahl
Pu	Pulsationsgrad
Re	Reynolds-Zahl
S	Drallzahl

Indices:

0	Brennerauslass, Referenzfall
$\hat{}$	Amplitudenwert
$\bar{}$	Mittelwert
AB	Ausgleichsbehälter
ad	adiabat
äq	äquivalent
AR	Abgasrohr
aus	Austritt
ax	axial
B	Hitzdrahtbrücke
Bk	Brennkammer
Br	Brenner
BS	Brennstoff
c, ch	chemisch, Reaktionsbereich
char	charakteristisch
D	auf Brennkammerdruck bezogen
D	(*Brenner*−)Düse
EHR	einfacher Helmholtz-Resonator
ein	Eintritt, Einlass
EHR	einfacher Helmholtz-Resonator
F	Flamme
Fl	Fluid

G	Gas, Brenngas
ges	gesamt
GHR	gekoppelte Helmholtz-Resonatoren
Haupt	Hauptbrenner, Hauptflamme
HD	Hitzdrahtsonde
η	nach Kolmogorov
i	fortlaufender Index
konv	konvektiv
krit	kritisch
l, lam	laminar
L	Luft
max	maximal
M	massebezogen
Misch	Gemisch, Vormischung
N	auf Normbedingungen bezogen
puls, Puls	Anregung, Pulsation
P	Periode, Schwingungsdauer
Pilot	Pilotflamme/-brenner, Zündflamme
ref	Referenz
rms	root mean square
R	Reibung
Res, res	Resonanz, im Resonanzfall
Rg	Rauchgas
RH	Resonatorhals
RW	Ringwirbel
stat	statisch
stör	Störung
St	Staukörper
t, turb	turbulent
th	theoretisch
th	thermisch
vol	volumetrisch
V	vorgemischt
Zünd	Zündung
∞	Umgebung

Literaturverzeichnis

[1] R. G. Abdel-Gayed, D. Bradley, and F. K. Lung. *Combustion Regimes and the Straining of Turbulent Premixed Flames.* Combustion and Flame, Vol. 76, S. 213-218, 1989.

[2] G. Andrews, D. Bradley, and S. Lwakabamba. *Measurement of Turbulent Burning Velocity for Large Turbulent Reynolds Numbers.* 15th Symp. (Int.) on Combustion, 1979.

[3] G. Andrews and D. Bradley. *The Burning Velocity of Methane-Air-Mixtures.* Combustion and Flame, Vol. 19, S. 275-288, 1972.

[4] G. Arnold. *Ermittlung des Übertragungsverhaltens einer realen, dämpfungsbehafteten Modellbrennkammer (Helmholtz-Resonator-Typ).* Diplomarbeit Universität Karlsruhe (TH), 2000.

[5] P. Baade and R. W. Herrich. *Combustion Oscillations in Gas-Fired Appliances.* 1st Natural Gas Research and Technology, Atlanta, 1972.

[6] W. Beitz and K.-H. Grote. *Dubbel-Taschenbuch für den Maschinenbau.* Springer Verlag, 20. Auflage, 2000.

[7] C. Bender and H. Büchner. *Noise emissions from a premixed swirl combustor.* Proceedings of Twelfth International Congress on Sound and Vibration (ICSV 12), 2005.

[8] C. Bender and H. Büchner. *The Impact of Flame Stabilisation and Coherent Flow Structures on the Noise Emission of Turbulent Swirl Flames.* Intern. Journal of Aeroacoustics, 2008.

[9] R. B. Bird, W. E. Stewart, and E. N. Lightfoot. *Transport Phenomena.* Vol. 2, John Wiley Sons, 2002.

[10] H. Bockhorn. *Grundlagen der Verbrennungstechnik I*. Skript zur Vorlesung, Universität Karlsruhe, Engler-Bunte-Institut/Verbrennungstechnik, 2008.

[11] R. Borghi. *On the Structure and Morphology of Turbulent Premixed Flames*. Recent Advances in the Aerospace Sciences, 1984.

[12] R. Borghi. *Turbulent Combustion Modelling*. Progress in Energy and Combustion Science, Vol. 14, S. 245-292, 1988.

[13] P. Bradshaw. *An Intrduction to Turbulence and its Measurements*. Pergamon Press, 1971.

[14] K. N. C. Bray. *Turbulent Flows with Premixed Reactants*. In Turbulent reacting flows, P. Libby und F. Williams, Kapitel 4, S. 115-183, 1980.

[15] B. Brouer. *Regelungstechnik für Maschinenbauer*. Teubner Stuttgart-Leipzig, 1998.

[16] H. Büchner, W. Leuckel, and A. Hilgenstok. *Experimentelle und theoretische Untersuchungen der Entstehungsmechanismen thermo-akustischer Druckschwingungen in einem industriellen Vormischbrenner*. VDI Berichte Nr. 1193, S. 243-250, 1995.

[17] H. Büchner and W. Leuckel. *Experimentelle Untersuchungen zum dynamischen Reaktionsverhalten pulsierter Vormischflammen*. VDI-Berichte 922, VDI Verlag Düsseldorf , S. 453-462, 1991.

[18] H. Büchner and W. Leuckel. *Experimental and Theoretical Investigations on the Formation of Self-sustained Pressure Oscillations in a Low-NOx Burner*. Proceeding of the 3. Asian-Pacific intern. Symp. on Combustion and Energy Utilization, Hong Kong, S. 205-210, 1995.

[19] H. Büchner. *Experimentelle und theoretische Untersuchungen der Entstehungsmechanismen selbsterregter Druckschwingungen in technischen Vormisch-Verbrennungssystemen*. Dissertation, Universität Karlsruhe, Shaker-Verlag Aachen, 1992.

[20] H. Büchner. *Strömungs- und Verbrennungsinstabilitäten in technischen Verbrennungssystemen*. Habilitationsschrift, Universität Karlsruhe, 2000.

[21] Bundesministerium für Wirtschaft und Technologie (BMWi). Energiestatistiken. http://www.bmwi.de/BMWi/Navigation/Energie/energiestatistiken.html, 2008.

[22] J. M. Burgers. *A Mathemathical Model Illustrating the Theory of Turbulence.* Advances in Applied Mechanics 1, S. 171-196, 1948.

[23] G. Damköhler. *Der Einfluss der Turbulenz auf die Flammengeschwindigkeit in Gasgemischen.* Zeitschrift für Elektrochemie, Nummer 46, 1940.

[24] J. M. Delery. *Aspects of Vortex Breakdown.* Progress in Aerospace Sciences, Nummer 30, S. 1-59, 1994.

[25] K. Döbbeling. *Experimentelle und theoretische Untersuchungen an stark verdrallten, turbulenten isothermen Strömungen.* Dissertation, Universität Karlsruhe, 1990.

[26] F. Durst. *Grundlagen der Strömungsmechanik.* Springer Verlag, 2006.

[27] J. H. Faler and S. Leibovich. *Disrupted states of vortex flow and vortex breakdown.* The Physics of Fluids, Vol. 20, S. 1385-1400, 1977.

[28] O. Föllinger. *Regelungstechnik : Einführung in die Methoden und ihre Anwendung.* Hüthig, Heidelberg, 10. Auflage, 2008.

[29] A. G. Gaydon and H. Wolfhard. *Flames: Their Structure, Radiation and Temperature.* 4. Reihe, Chapman and Hall, London, 1979.

[30] R. Günther. *Verbrennung und Feuerungen.* Springer Verlag, 1984.

[31] A. Gupta, D. Lilley, and N. Syred. *Swirl Flows.* Abacus Press, Turnbridge Wells, England, 1984.

[32] P. Habisreuther, C. Bender, O. Petsch, H. Büchner, and H. Bockhorn. *Calculated and Measured Turbulent Noise in a Strongly Swirling Isothermal Jet.* Proceedings Joint Congress CFA/DAGA, 2004.

[33] P. Habisreuther, C. Bender, O. Petsch, H. Büchner, and H. Bockhorn. *Prediction of Pressure Oscillations in a Premixed Swirl Combustor Flow and*

Comparison to Measurements. Flow Turbulence and Combustion, Vol. 77, S. 147-160, 2006.

[34] P. Habisreuther, O. Petsch, H. Büchner, and H. Bockhorn. *Berechnete und gemessene Strömungsinstabilitäten in einer verdrallten Brennerausströmung.* GASWÄRME International, Vol. 53, S. 326-331, 2004.

[35] M. Hall. *Vortex Breakdown.* Annual Review of Fluid Mechanics, Nummer 4, S. 195-217, 1972.

[36] R. Hillemanns. *Das Strömungs- und Reaktionsfeld sowie Stabilisierungseigenschaften von Drallflammen unter dem Einfluß der inneren Rezirkulationszone.* Dissertation, Universität Karlsruhe, 1988.

[37] J. O. Hinze. *Turbulence.* Mc Graw Hill, New York, 1975.

[38] A. Hoffmann. *Modellierung turbulenter Vormischverbrennung.* Dissertation, Universität Karlsruhe, 2004.

[39] S. Hoffmann. *Untersuchungen des Stabilisierungsverhaltens und der Stabilitätsgrenzen von Drallflammen mit innerer Rückströmzone.* Dissertation, Universität Karlsruhe, 1994.

[40] F. Holzäpfel. *Zur Turbulenzstruktur freier und eingeschlossener Drehströmungen.* Dissertation, Universität Karlsruhe, 1996.

[41] H. D. Jarass. *Bundes-Immissionsschutzgesetz : Kommentar unter Berücksichtigung der Bundes-Immissionsschutzverordnungen, der TA Luft sowie der TA Lärm.* 6. Auflage, Beck, München, 2005.

[42] W. Kalide. *Einführung in die technische Strömungslehre.* 5. Auflage, Hanser, München, 1980.

[43] B. Karlovitz, D. Denniston, and F. Wells. *Investigation of Turbulent Flames.* Journal of Chem. Physics 19/5, S. 541-547, 1951.

[44] J. Keller, T. Bramlette, and C. Dec, J.E. Westbrook. *Pulse Combustion: The Quantification of Characteristic Times.* Combustion and Flame Nr. 79, 1990.

[45] J. Keller. *On the Use of Helmholtz-resonators as Sound Attenuators.* Zeitschrift f. angew. Mathematik und Physik, Vol. 46, 1995.

[46] C. Knab. *Experimentelle Untersuchung der Lärmentstehung in pilotierten Drallflammen.* Diplomarbeit, Universität Karlsruhe (TH), 2005.

[47] A. N. Kolmogorov. *The local Structure of Turbulence in Incompressible Viscous Fluid for very Large Reynolds Numbers.* Comptes Rendus de l'Académie des Sciences de l'URSS, S. 301-304, 1941.

[48] A. N. Kolmogorov. *Sammelband zur statistischen Theorie der Turbulenz.* Herbert Goering, 1958.

[49] C. Külsheimer. *Die Bedeutung periodischer Ringwirbelstrukturen für das Auftreten selbsterregter Verbrennungsinstabilitäten.* Dissertation, Universität Karlsruhe, Shaker-Verlag Aachen, 2005.

[50] B. Leisenheimer. *Zum Ausbreitungsverhalten von Deflagrationsfronten in laminaren und turbulenten Brenngas-/Luft-Gemischen innerhalb geschlossener Behälter.* Dissertation, Universität Karlsruhe, 1997.

[51] W. Leuckel and N. Fricker. *The Characteristics of Swirl-Stabilized Natural Gas Flames, Part I: Different Flame Types and Their Relation to Flow and Mixing Patterns.* Journal of the Institute of Fuel, S. 103-158, 1976.

[52] W. Leuckel. *Swirl Intensities, Swirl Types and Energy Loss of different Swirl Generating Devices.* International Flame Research Foundation Document G 02/a/16, 1967.

[53] W. Leuckel. *Meßergebnisse von Drallflammen und zugehörigen Strömungsuntersuchungen.* International Flame Research Foundation, IFRF Document K20/a/51, 1970.

[54] S. Liebovich. *Vortex stability and breakdown survey and extension.* AIAA Journal, Vol. 22, S. 1192-1206, 1983.

[55] T. C. Lieuwen. *Combustion instabilities in gas turbine engines : operational experience, fundamental mechanisms, and modeling.* American Institute of Aeronautics and Astronautics, 2005.

[56] W. Lips. *Strömungsakustik in Theorie und Praxis*. expert-Verlag, 2001.

[57] Y. Liu. *Untersuchung zur stationären Ausbreitung turbulenter Vormisch-flammen*. Dissertation, Universität Karlsruhe (TH), 1991.

[58] M. Lohrmann and H. Büchner. *Periodische Störungen im turbulenten Strö-mungsfeld eines Vormisch-Drallbrenners*. Chemie Ingenieur Technik 72/5, S. 512-515, 2000.

[59] M. Lohrmann and H. Büchner. *Prediction of Stability Limits for LP and LPP Gas Turbine Combustors*. Combustion Science and Technology 177, 2005.

[60] M. Lohrmann. *Die Bedeutung flammeninterner Verzugszeiten für die Ent-stehung selbsterregter Verbrennungsinstabilitäten*. Dissertation, Universität Karlsruhe, GCA-Verlag, 2006.

[61] O. Lucca-Negro and T. O´Doherty. *Vortex Breakdown: a Review*. Progress in Energy and Combustion Science, Nummer 27, S. 431-481, 2001.

[62] P. Maier. *Untersuchung turbulenter isothermer Drallfreistrahlen und turbu-lenter Drallflammen*. Dissertation, Universität Karlsruhe, 1967.

[63] A. Meyer and H. Büchner. *High-frequency oscillation in lean-premixed gas turbine combustors*. Proc. of 7th European Conference on Industrial Furnaces and Boilers, 2006.

[64] B. Mundus and H. Kremer. *Untersuchung des Strömungs- und Verbren-nungsverlaufs verdrallter Diffusionsflammen in Abhängigkeit der Art der Drallerzeugung*. Gaswärme International, Nummer 40, S. 545-556, 1991.

[65] W. Nastoll. *Untersuchungen zur instationären turbulenten Flammenaus-breitung in geschlossenen Behältern*. Dissertation, Universität Karlsruhe (TH), 1998.

[66] H. Oertel jr. *Strömungsmechanik*. Vieweg Verlag, 1999.

[67] D. Padrón. *Periodische Störungen in drallbehafteten, isothermen Strömun-gen in Abhängigkeit der Brenneraustrittsgeometrie*. Diplomarbeit, Univer-sität Karlsruhe (TH), 1998.

[68] N. Peters. *Four Lectures on Turbulent Combustion.* Ercoftac Summer School, 1997.

[69] N. Peters. *Turbulent Combustion.* Cambridge University Press, 1999.

[70] T. Poinsot and D. Veynante. *Theoretical and Numerical Combustion.* R.T. Edwards, 2001.

[71] A. A. Putnam and W. R. Dennis. *Organ Pipe Oscillation in Flame-filled Tubes.* Proc. Comb. Inst. 4, S. 556 ff., 1952.

[72] J. W. S. Rayleigh. *The Explanation of Certain Acoustic Phenomena.* Nature 18, S. 316, 1878.

[73] J. W. S. Rayleigh. *The Theory of Sound.* Vol. 2, London, 1926.

[74] O. Reynolds. *On the Dynamical Theory of Incompressible Viscous Fluids and Determination of the Criterion.* Phil. Transactions of the Royal Society of London Series A, Nummer 186, S. 123 ff., 1895.

[75] S. Rochow. *Experimentelle und analytische Untersuchungen zum Resonanz-verhalten einer Brennkammer vom Typ des Helmholtz-Resonators unter Variation der Auslassgeometrie.* Studienarbeit, Universität Karlsruhe (TH), Engler-Bunte-Institut/Verbrennungstechnik, 2008.

[76] J. C. Rotta. *Turbulente Strömungen.* Teubner Verlag, Stuttgart, 1972.

[77] F. Rubner. *Druckmesstechnik.* Oldenbourg Industrieverlag, 2005.

[78] T. Sarpkaya. *On stationary and traveling vortex breakdowns.* Journal of Fluid Mechanics, Vol. 45/3, S. 545-559, 1971.

[79] H. Schlichting and K. Gersten. *Grenzschicht-Theorie.* 10. Auflage, Springer Verlag, 2006.

[80] H. Schlichting. *Boundary Layer Theory.* Mc Graw Hill, New York, 1979.

[81] C. Schmid. *Drallbrenner-Simulation durch Starrkörper-Strömungen unter Einbeziehung von drallfreier Primärluft und Verbrennung.* Dissertation, Universität Karlsruhe (TH), 1991.

[82] H. P. Schmid. *Ein Verbrennungsmodell zur Beschreibung der Wärmefreisetzung von vorgemischten turbulenten Flammen.* Dissertation, Universität Karlsruhe (TH), 1995.

[83] P. Schmittel. *Untersuchungen zum Stabilisierungsmechanismus von eingeschlossenen turbulenten Flammen mit innerer Rückströmzone.* Dissertation, Universität Karlsruhe (TH), 2001.

[84] S. Sharma, D. Agrawal, and C. Gupta. *The Pressure and Temperature Dependence of Burning Velocity in a Spherical Combustion Bomb.* Proc. Combust. Instit. 18, S. 493 ff., 1981.

[85] E. Skudrzyk. *Die Grundlagen der Akustik.* Springer Verlag Wien, 1954.

[86] M. Smooke. *Reduced Kinetic Mechanisms and Asymptotic Approximations for Methane-Air Flames : A Topical Volume.* Lecture notes in physics, Vol. 384, Springer, 1991.

[87] D. B. Spalding. *Theoretical Aspects of Flame Stabilization.* Aircraft and Engineering, S. 264-276, 1953.

[88] K. Strauss. *Kraftwerkstechnik: zur Nutzung fossiler, regenerativer und nuklearer Energiequellen.* 4. Auflage, Springer, 1998.

[89] G. I. Taylor. *Statistical Theory of Turbulence.* Proceedings of the Royal Society of London, Mathematical and Physical Sciences, Vol. 151, Serie A, 1935.

[90] E. Trukkenbrodt. *Strömungsmechanik.* Springer, Berlin, 1968.

[91] S. R. Turns. *An introduction to combustion: concepts and applications.* 2. Auflage, McGraw-Hill, 2000.

[92] S. Waglöhner. *Einfluss der Brennergeometrie und Strömungsführung auf das Resonanzverhalten eines Drallbrenners.* Studienarbeit, Universität Karlsruhe (TH), Engler-Bunte-Institut/Verbrennungstechnik, 2007.

[93] J. Warnatz, U. Maas, and R. W. Dibble. *Verbrennung.* 2. Auflage, Springer Verlag, 1997.

[94] F. Wetzel. *Numerische Untersuchungen zur Stabilität nicht-vorgemischter, doppelt-verdrallter Flammen.* Dissertation, Universität Karlsruhe (TH), 2007.

[95] F. A. Williams. *Combustion Theory.* 2. Auflage, Addison-Wesley Publishing Company, 1988.

[96] J. Wittenburg. *Schwingungslehre : Lineare Schwingungen, Theorie und Anwendungen.* Springer, 1996.

[97] N. Zarzalis. *Theorie turbulenter Strömungen ohne und mit überlagerter Verbrennung.* Skript zur Vorlesung, Universität Karlsruhe (TH), Engler-Bunte-Institut/Verbrennungstechnik, 2008.

[98] Z. Zhao, J. Conley, A. Kazakov, and F. Dryer. *Burning Velocities of Real Gasoline Fuel at 353 K and 500 K.* SAE-Paper 2003-07-3265, S. 147-152, 2003.

[99] J. Zierep. *Grundzüge der Strömungslehre.* 6. Auflage, Springer Verlag, 1997.

[100] V. L. Zimont. *Theory of turbulent Combustion of a homogeneous Fuel Mixture at high Reynolds Numbers.* Combustion, Explosions and Shock Waves, Vol. 15, S. 305-311, 1979.

[101] *Gesetz zu dem Protokoll von Kyoto vom 11. Dezember 1997 zum Rahmenübereinkommen der Vereinten Nationen über Klimaänderungen (Kyoto-Protokoll).* Bundesgesetzblatt Jahrgang 2002 Teil II, Vol. 16, S. 966-997, 2002.

Abbildungsverzeichnis